全国技工院校机械类专业通用（高级技能层级）

高级车工工艺与技能训练（第三版）习题册

中国劳动社会保障出版社

简　介

本习题册是全国技工院校机械类专业通用教材（高级技能层级）《高级车工工艺与技能训练（第三版）》的配套用书。本习题册紧扣教学要求，按照教材章节顺序编排，知识点分布均衡，题型丰富多样，难易配置适当，有助于学生复习巩固所学知识。

本习题册由王为建担任主编，龚艳芳担任副主编，张静、田鸿瑛、付万文参加编写。

图书在版编目（CIP）数据

高级车工工艺与技能训练（第三版）习题册 / 王为建主编．-- 北京：中国劳动社会保障出版社，2020

（全国技工院校机械类专业通用：高级技能层级）

ISBN 978-7-5167-4301-0

Ⅰ.①高…　Ⅱ.①王…　Ⅲ.①车削－高等职业教育－习题集　Ⅳ.①TG510.6-44

中国版本图书馆 CIP 数据核字（2019）第 289591 号

中国劳动社会保障出版社出版发行

（北京市惠新东街 1 号　邮政编码：100029）

*

三河市华骏印务包装有限公司印刷装订　新华书店经销

787 毫米 ×1092 毫米　16 开本　6.25 印张　143 千字

2020 年 3 月第 1 版　　2024 年 7 月第 4 次印刷

定价：12.00 元

营销中心电话：400-606-6496

出版社网址：http://www.class.com.cn

http://jg.class.com.cn

目　录

模块一　车削基本知识和基本技能

任务一　了解车削时的安全操作规程与文明生产规范

一、填空题（将正确答案填写在横线上）

1. 坚持安全、文明生产是保障________________和________________的安全，防止工伤和设备事故的根本保证。

2. 一定要禁止女工穿__________和凉鞋操作机床。

3. 车削时为了防止切屑飞入眼中，车工都应戴防护__________。

4. 工件装夹好后，必须随即取下________________。

5. 操作中，机床电气设备若发生故障，应及时____________________并上报，由_______________检修，未经修复____________________。

6. 主轴需要变速时，必须先__________，后变速。

7. 车刀磨损后应及时__________，不允许用钝刀继续车削。

8. 毛坯、半成品和成品应____________堆放整齐，严禁碰伤工件____________表面。

9. 图样、工艺卡应放置在便于____________的地方，并注意保持其____________。

10. 6S现场管理模式既是__________广泛实施推广的管理模式，又是__________场所必需的管理模式。

11. 6S现场管理模式的“6S”包括：______________、______________、______________、______________、______________、______________。

12. 整理就是按照标准区分开____________和____________的物品，对不必要的物品进行处理。

13. 整顿就是对必要的物品按需要量、____________、依规定的位置放置，并摆放整齐，__________________。

14. 清扫就是清除工作场所的脏污异物等，并防止脏污异物的再产生，保持工作场所__________________。

15. 清洁就是将前面3S__________________的做法__________，并贯彻执行及维持。

16. 素养就是人人依照____________行事，养成好习惯，培养积极进取的精神。

17. 安全就是要消除____________，预防____________的发生。

18. 在工作岗位上吃东西、抽烟并任意乱丢垃圾属于6S中的____________问题。

二、判断题（正确的打√，错误的打×）

1. 车工在工作时应穿工作服，女同志要戴工作帽，并将长发塞入帽子里。（　　）

2. 为提高工作效率，装夹车刀和测量工件时可以不停车。（　　）

3. 为了使转动的卡盘尽早停住，可用手慢慢按住转动的卡盘。（　　）

4. 批量生产的零件，首件送检确定合格后，才能继续加工。（　　）

5. 工作场地应保持清洁、整齐，不得堆放杂物。 （ ）

6. 操作中，机床若发生故障，应坚持完成所加工的工件再停车上报。 （ ）

7. 操作中，可以不停车进行主轴变速。 （ ）

8. 车刀磨损后还能用就用，直到崩刃后再换刀，这样可节省加工成本。 （ ）

9. 量具的精度是准确的，因此不必定期校验。 （ ）

三、选择题（将正确答案的序号填在括号内）

1. 不属于整顿的是（ ）。

A. 将废包装箱、废弃物清出仓库

B. 工作台面应整齐，文件、记录等物品放置应有标识

C. 地面、墙面、物料要清洁

D. 仓库场地布置应有总体规划，物料、物品放置应也有总体规划

E. 区域划分应有标识，物料架应有标识

F. 工位、设备摆放应整齐

2. 对所使用物品的放置位置，根据（ ）来决定。

A. 使用价值　　B. 物品数量

C. 使用频率　　D. 重要程度

3. 下面不属于整顿目的的是（ ）。

A. 工作场所一目了然　　B. 清除不必要的物品

C. 不浪费时间找东西　　D. 创造整齐的工作环境

4. 车间开展 6S 活动的实施者是（ ）。

A. 车间领导　　B. 车间主任

C. 车间全体人员　　D. 车间 6S 推行小组

5. 进行整顿工作时，要将必要的物品分门别类，其目的是（ ）。

A. 使工作场所一目了然　　B. 营造整齐的工作环境

C. 缩短寻找物品的时间　　D. 清除过多的积压物品

四、简答题

1. 坚持安全文明生产的意义是什么？

2. 文明生产对量具的使用保养有哪些要求？

3. 为了坚持文明生产，每班工作完毕应做哪些工作？

4. 简述 6S 管理的基本内容。

5. 整理的目的是什么？

任务二　认识车床与日常保养

一、填空题（将正确答案填写在横线上）

1．指出图 1–1 中数字序号所指引的内容：1 是____________、14 是____________、15 是____________、12 是____________。

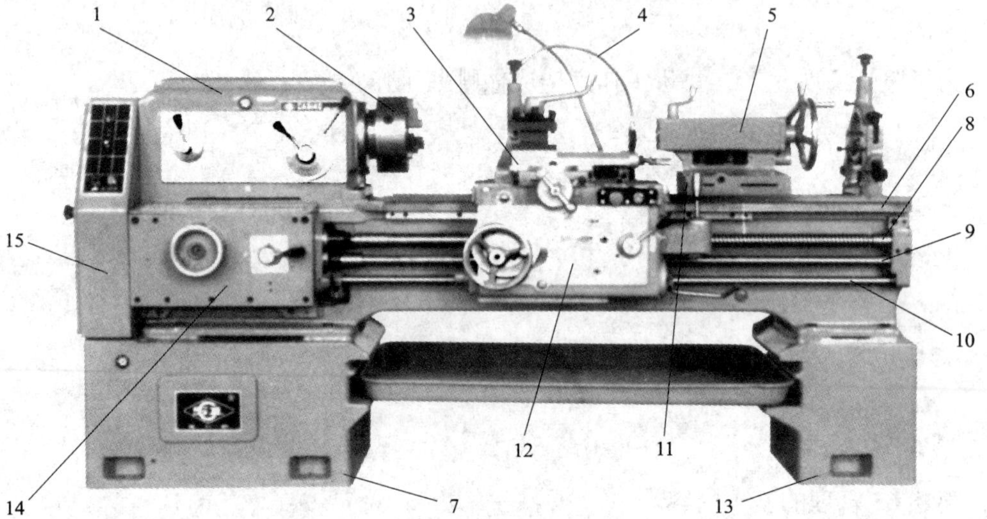

图 1–1

2．床身是车床上精度要求很高的大型基础部件，它用于____________和____________车床的各个部件。

3．交换齿轮箱能把主轴箱的运动传给________箱。

4．车床主运动是通过电动机驱动带轮，并通过____________、____________，再经____________带动工件旋转完成的。

5．车床常用的润滑方式有：________润滑、________润滑、________润滑、________润滑、________润滑和________润滑等。

6．润滑主轴箱的主要方式有_________润滑和_________润滑。

7．车床床身导轨、中滑板导轨和小滑板导轨采用_________润滑方式。

8．CA6140 型车床除个别部位采用钙基润滑脂外，其余大都采用牌号为_________的全损耗系统用油润滑。

9．车床中、小滑板丝杠都采用____________润滑，每班润滑_____次。

二、判断题（正确的打√，错误的打 ×）

1．主轴箱的功用是改变箱内齿轮的啮合位置，使主轴获得不同的转速。（　　）

2．进给箱的功用是改变箱内齿轮的啮合位置，使光杠或丝杠获得不同的转速，以满足车削螺纹或机动进给的需要。（　　）

3．光杠、丝杠可同时带动溜板箱纵向运动。（　　）

4．浇油润滑方式主要用于车床上外露的润滑表面。（　　）

5．油绳导油润滑是利用尼龙绳既易吸油又易渗油的特性，把油引入润滑部位。（　　）

6．高速旋转且不允许间断润滑的场合使用油泵输油方式润滑。（　　）

7．进给箱内以溅油方式润滑后，不需再用油绳方式润滑。（　　）

8．丝杠、光杠后托架采用弹子油杯润滑。（　　）

9．以油杯方式的润滑一般都是一星期润滑一次。（　　）

10．车床所有部位都需要润滑。（　　）

11．变换进给箱上手柄的位置，可使主轴获得多种不同的转速。（　　）

12．采用弹子油杯润滑时，需要用油枪端头的油嘴将油杯的弹子压下，然后注入钙基润滑脂。（　　）

13．油绳导油润滑中的绳子最好由棉线或麻线制成。（　　）

14．观察车床主轴箱上的油窗，若无油从上向下流动，说明输油系统正常。（　　）

15．第二主参数是对主参数的补充，如主轴数、最大跨距、最大工件长度等。（　　）

三、选择题（将正确答案的序号填在括号内）

1．卧式车床的主参数是（　　）。

A．床身平面导轨至主轴中心的距离　　B．刀架上最大工件回转直径

C．允许加工的最大工件长度　　D．允许加工的最大工件直径

2．机床的组系代号用两位数字表示，位于类代号或特性代号（　　）。

A．之后　　B．之前

3．车床的（　　）能把主轴箱的运动传递给进给箱。

A．光杠、丝杠　　B．交换齿轮箱

C．溜板箱　　D．电动机

4．在CA6140型车床的传动系统中，将主轴通过变换齿轮箱传递来的回转运动传给光杠或丝杠的部件是（　　）。

A．主轴箱　　B．进给箱　　C．溜板箱

5．进给箱又称为（　　）。

A．溜板箱　　B．走刀箱　　C．变换齿轮箱　　D．主轴箱

6．交换齿轮箱的润滑方式是（　　）润滑。

A 浇油　　B．溅油　　C．润滑脂　　D．油绳导油

7．润滑部位的符号为$\frac{46}{7}$，说明该部位润滑油的型号为（　　）。

A．L-AN46　　B．$\frac{46}{7}$　　C．7　　D．6.571

8．尾座、中小滑板丝杠、刀架都靠弹子油杯润滑，并需要每（　　）润滑一次。

A．小时　　B．天　　C．班　　D．周

9．车床需要润滑的部位，主要是指有（　　）的部位。

A．运动　　B．转动　　C．摩擦　　D．配合

10．根据我国制定的机床型号编制方法，目前将机床分为（　　）大类。

A．10　　B．11　　C．12　　D．13

11．型号为 CA6140 × 1 000 的普通车床，其中 1 000 表示（　　）。

A．床身上最大工件回转直径　　B．刀架上最大工件回转直径

C．最大工件长度　　D．主轴内孔直径

12．CA6140A 型车床表示经过第（　　）次重大改进。

A．一　　B．二　　C．三　　D．四

四、简答题（根据图 1–2 所示的 CA6140 型车床，回答以下问题）

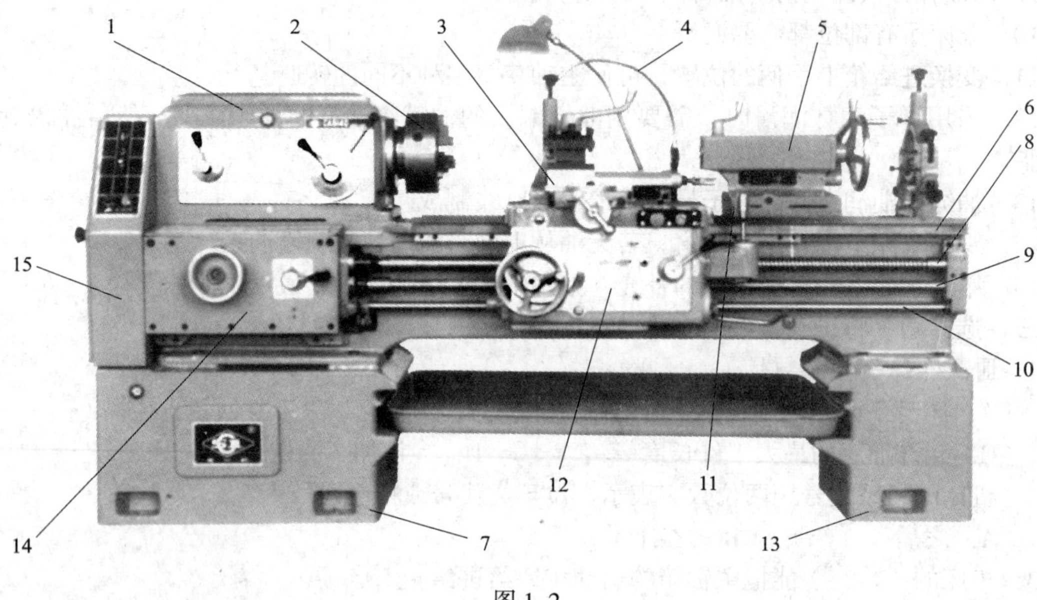

图 1–2

1．试述车床从电动机启动到工件旋转的机械传动过程。

2．试述车床从电动机启动到完成机动进给以及车螺纹的机械传动过程。

3. 每天需要对车床进行润滑的工作部位有哪些？

4. 试述“CA6140”型号的含义。

任务三　认识卡盘的结构及其卡爪的装卸

一、填空题（将正确答案填写在横线上）

1. 三爪自定心卡盘是车床上应用最广泛的一种________夹具。

2. 三爪自定心卡盘主要由外壳体、__________、三个__________和一个大锥齿轮组成。

3. 常用三爪自定心卡盘有__________mm、__________mm 和__________mm 等多种规格。

4. 三爪自定心卡盘通常是通过__________与车床主轴连为一体的。

5. 四爪单动卡盘的四个卡爪是__________运动的。

6. 四爪单动卡盘夹紧力____________________，适用于装夹__________________或____________________的工件。

7. 安装三爪自定心卡盘的卡爪时，一定要依卡爪号码____________、____________、__________的顺序安装。

二、判断题（正确的打√，错误的打 ×）

1. 三爪自定心卡盘的夹紧力比四爪单动卡盘要大。（　　）

2. 三爪自定心卡盘装夹轴类工件较容易“定心”。（　　）

3. 应使用卡盘的反爪夹持较小的工件，使用卡盘的正爪夹持较大的工件。（　　）

三、选择题（将正确答案的序号填在括号内）

1. 三爪自定心卡盘适用于装夹（　　）的中小型工件。

A．不规则　　B．圆柱形　　C．任意形状　　D．复杂形状

2. 如图 1–3 所示为三爪自定心卡盘的三个卡爪，其中编号为 1 的是（　　）图，编号为 2 的是（　　）图，编号为 3 的是（　　）图。

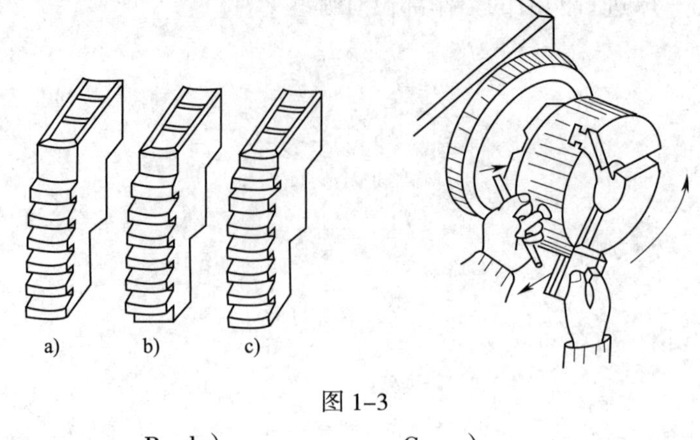

图 1–3

A. a）　　　　　　B. b）　　　　　　C. c）

四、简答题

1. 试述三爪自定心卡盘卡爪的装卸过程。

2. 试述拆卸三爪自定心卡盘零部件的步骤、方法。

任务四　认识车削运动和车床的基本操纵

一、填空题（将正确答案填写在横线上）

1. 按其作用，车削运动可分为________和________两种。

2. 车床上工件旋转是__________运动，车刀的直线（或曲线）运动是__________运动。

3．启动车床前应先检查各变速手柄是否放在空挡位置，操纵杆是否处于________位置，确定无误后才可合上电源总开关。

4．车床操纵杆有上、中、下三个位置，其中间位置控制主轴________转，上边位置控制主轴________转，下边位置控制主轴________转。

5．用手摇动溜板箱左侧的大手轮，床鞍可以移动。顺时针摇动大手轮，床鞍向________移动，逆时针摇动大手轮，床鞍向________移动。

6．中滑板手柄控制中滑板的横向移动，顺时针转动中滑板手柄时，中滑板向________的方向运动。

7．CA6140 型车床的中滑板手柄每转过 1 小格，车刀沿横向移动________mm。

8．向左侧扳动溜板箱右侧的十字槽手柄，又按下手柄顶部快速按钮时，床鞍将向________快速移动。

9．当需要将插入尾座套筒内的顶尖或钻头取下时，应________时针方向摇动车床尾座手轮。

10．车削螺纹时，应将溜板箱开合螺母的手柄向________扳动，使其闭合。

二、判断题（正确的打√，错误的打 ×）

1．用三爪卡盘装夹工件，顺时针转动卡盘扳手工件被夹紧，逆时针转动卡盘扳手工件被松开。（　　）

2．车床上的长丝杠，只能用来车削螺纹，不得用作机动进给和车削外圆。（　　）

3．向下扳动操纵杆，主轴正转；向上扳动操纵杆，主轴反转；将操纵杆放置在中间位置，主轴停止转动。（　　）

4．逆时针转动刀架手柄，刀架被压紧，顺时针转动刀架手柄，刀架被松开。（　　）

5．只有在非机动进给时才可使用快速按钮。（　　）

6．顺时针转动小滑板手柄可使刀架后退。（　　）

7．按下绿色的开关按钮，停车后的车床即被切断电源。（　　）

三、选择题（将正确答案的序号填在括号内）

1．车削螺纹时，能把动力传给溜板箱的是（　　）。

A．中滑板　　B．丝杠　　C．床鞍

2．（　　）手柄能控制刀架横向移动。

A．中滑板　　B．小滑板　　C．床鞍

3．中滑板手柄可控制刀架横向进给，（　　）旋转中滑板手柄，刀架向远离操作者的方向移动。

A．顺时针　　B．逆时针　　C．先顺时针后逆时针

4．若车床每转动中滑板刻度盘 1 小格，刀架横向移动 0.05 mm，若要刀架移动 1 mm，刻度盘应转动（　　）格。

A．10　　B．20　　C．30

四、简答题

1．根据图 1–4 回答下列问题。

（1）指认图 1–4 中车床各操作手柄和手轮的名称。

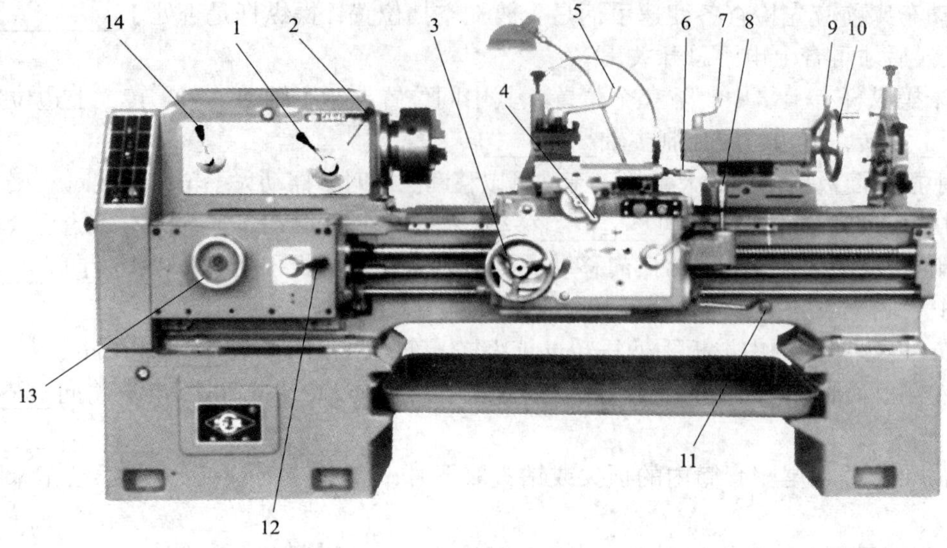

图 1–4

（2）若需要床鞍向左移动 300 mm，应操纵哪个手轮？转动多少格？

（3）摇动哪个手柄可使车刀横向进给 1.25 mm，是顺时针摇动还是逆时针摇动？转动多少格？

2．在图 1–5 中填写进给机构的名称。

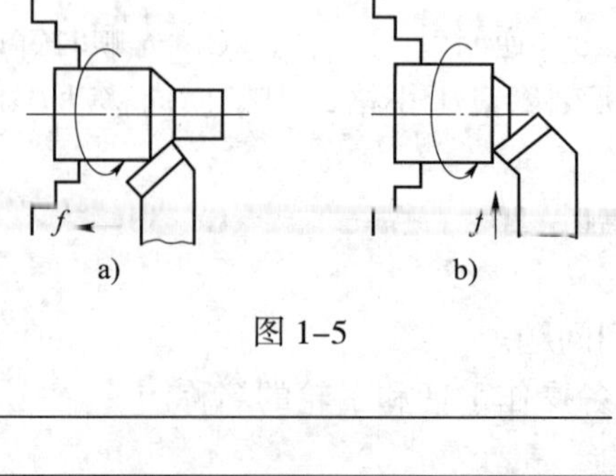

图 1–5

a）________________________

b）________________________

任务五　车刀的刃磨

一、填空题（将正确答案填写在横线上）

1．高速钢刀具常用于承受冲击力____________的场合，特别适用于制造各种结构复杂的____________刀具；但是不能用于____________切削。常用高速钢有____________和____________两类。

2．目前金属切削应用广泛的刀具材料有____________和____________，其中____________是应用最广泛的一种车刀材料。

3．按用途不同，车刀可分为外圆车刀、____________刀、____________刀、____________刀和螺纹车刀等。

4．90° 车刀又称____________刀，主要用来车削工件的____________和____________。

5．切断刀主要用于切断和____________。

6．高速钢是一种含钨、____________、____________、____________等合金元素较多的合金工具钢。

7．车削时，工件上形成的三个表面是____________、____________和____________。

8．车刀由____________和____________两部分组成。

9．主切削刃和副切削刃连接的部位叫作____________。

10．定义和测量车刀角度的三个辅助平面分别是：____________、____________和____________。

11．在主正交平面内测量的角度有________角、________角和________角。

12．在基面内测量的角度有________角、________角和________角。

13．当前面与切削平面之间的夹角小于 90° 时，前角为____________前角。

14．当后面与基面的夹角____________于 90° 时，后角为正值后角。

15．主后角的作用是减少____________与____________的摩擦。

16．刃倾角的主要作用是____________。

17．当刀尖在主切削刃的最高点时，刃倾角为____________值。车削时，切屑排向工件的____________表面方向，刀尖强度较________，适用于____________场合。

18．氧化铝砂轮主要用来刃磨____________刀具和硬质合金车刀的____________部；碳化硅砂轮主要用于刃磨____________车刀。

二、判断题（正确的打√，错误的打 ×）

1．高速钢车刀比硬质合金车刀的冲击韧性好，故可承受较大的冲击力。（　　）

2．高速钢车刀最大的特点是适用于高速切削。（　　）

3．硬质合金车刀虽然硬度高、耐磨性好，但不能承受较大的冲击力。（　　）

4．W18Cr4V 牌号的高速钢车刀，其材料属钨系高速钢。（　　）

5．工件上主切削刃正在切削的表面是待加工表面。（　　）

6．与工件过渡表面相对的车刀刀面称为前面。（　　）

7. 后刀面与切削平面之间的夹角称为后角。（　　）

8. 副切削刃在基面上的投影与背走刀方向的夹角称为刃倾角。（　　）

9. 增大车刀前角可使车刀锋利，减小切削力，会使工件的表面粗糙度值增大。（　　）

10. 减小后角不仅能使车刀刃口锋利，还能增加刀头强度。（　　）

11. 精车时应选择正值刃倾角，使切屑排向待加工表面。（　　）

12. 当刀尖位于主切削刃最低点时，刃倾角为正值。（　　）

13. 负值刃倾角有保护刀尖的作用。（　　）

14. 负前角能增大切削刃的强度，并能承受较大的冲击力。（　　）

15. 在正交平面内，若前面与切削平面的夹角大于 90°，前角为正值；小于 90°，前角为负值。（　　）

16. 碳化硅砂轮硬度高，切削性能好，适用于高速钢车刀的刃磨。（　　）

17. 粗磨车刀主后面时，刀柄应和砂轮轴线平行，刀体底平面还应向砂轮方向倾斜一定的角度。（　　）

18. 刃磨硬质合金车刀时，应及时用水冷却，以防刀刃退火。（　　）

19. 为了增大刀刃强度，高速钢车刀和硬质合金车刀都需要磨出负倒棱。（　　）

三、选择题（将正确答案的序号填在括号内）

1. 切削平面、基面和主截面之间有（　　）的关系。

A. 互相平行　B. 互相垂直　C. 互相倾斜　D. 相互对立

2. 在切削平面内测量的角度是（　　）。

A. 前角　B. 主后角　C. 主偏角　D. 刃倾角

3. 前面与（　　）的夹角称为前角。

A. 后面　B. 基面　C. 切削平面　D. 正交平面

4. 前角为负值时，前面和切削平面之间的夹角（　　）90°。

A. 大于　B. 小于　C. 等于

5. 刃倾角为正值时切屑流向工件（　　）表面。

A. 已加工　B. 待加工　C. 过渡

6. 精加工时车刀应取（　　）的刃倾角。

A. 零度　B. 负值　C. 正值

7. 车削较软的材料，应选择（　　）的前角。

A. 较大　B. 较小　C. 负值

8. 车削塑性材料时，应选择（　　）的前角。

A. 较大　B. 较小　C. 零度

9. 90° 车刀有（　　）个刀面、（　　）条刀刃和（　　）个刀尖。

A. 一　B. 二　C. 三　D. 四

10. 切屑流经的刀具表面叫作（　　）。

A. 前面　B. 主后面　C. 副后面　D. 上面

11. 在刀具强度允许的条件下，尽量选取（　　）的前角。

A. 正值　B. 负值　C. 零度

12. 车削塑性材料或硬度较低的材料时应选择（　　）的前角。

A．较大　　B．负值　　C．零度　　D．较小

13．车削台阶轴时，为保证台阶端面对轴线的垂直度，主偏角应（　　）90°。

A．等于　　B．略小于　　C．略大于

14．精车时应选择（　　）的副偏角，粗车时应选择（　　）的副偏角。

A．较大　　B．较小　　C．45°　　D．负值

15．在切削平面内测量的角度是（　　）。

A．主偏角、副偏角　　B．前角、后角

C．刃倾角　　D．刀尖角

16．一般情况下圆弧形断屑槽的前角（　　）直线形断屑槽的前角。

A．大于　　B．小于　　C．等于

17．车削时，切屑排向待加工表面的车刀，刀尖位于主切削刃的（　　）点。

A．中　　B．最高　　C．最低

18．车削时，若切屑排向已加工表面，说明刀尖的强度较（　　）。

A．小　　B．大

19．精车时，为了减小工件表面粗糙度值，车刀刃倾角取（　　）。

A．正值　　B．负值　　C．零度

20．减小车刀的（　　）对减小工件表面粗糙度值影响最大。

A．刀尖角　　B．主偏角　　C．副偏角　　D．前角

21．当主切削刃与基面平行时，刃倾角为（　　）。

A．零度　　B．负值　　C．正值

四、名词解释

1．主正交平面

2．基面

3．前角

4．主偏角

五、填图题

1．在图 1–6 中，填写各车刀的名称。

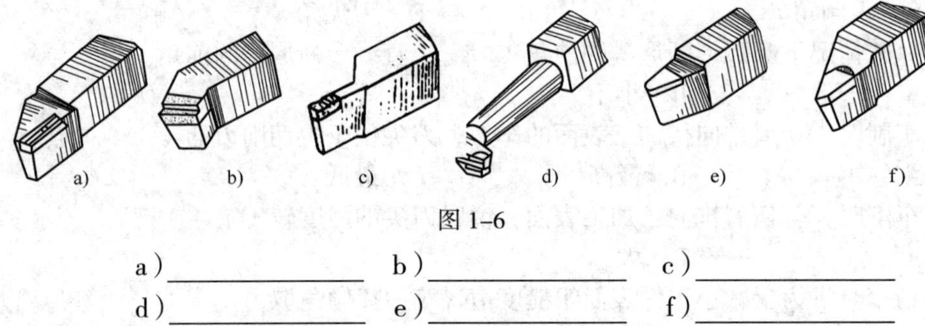

图 1–6

a）________ b）________ c）________

d）________ e）________ f）________

2．在图 1–7 中，填写各车刀的工作内容。

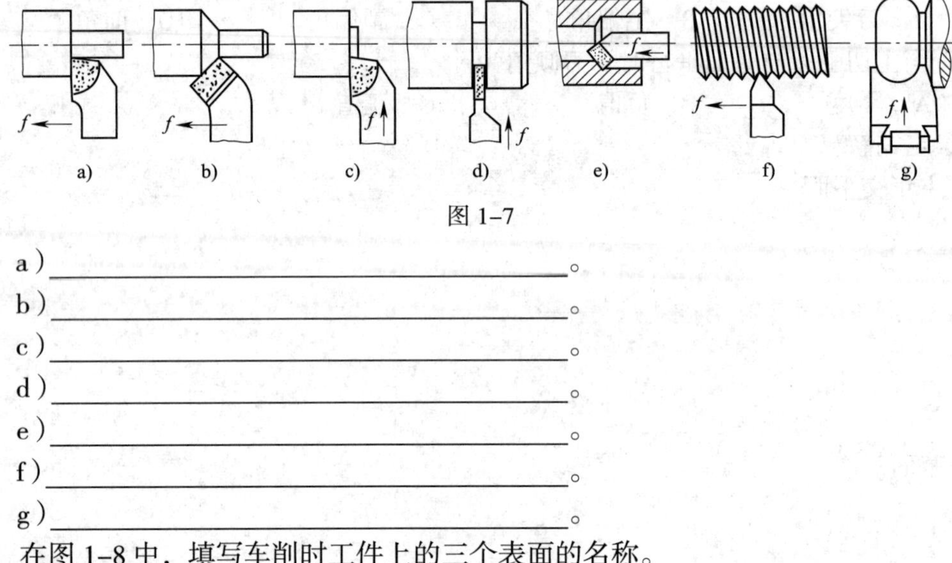

图 1–7

a）________________。

b）________________。

c）________________。

d）________________。

e）________________。

f）________________。

g）________________。

3．在图 1–8 中，填写车削时工件上的三个表面的名称。

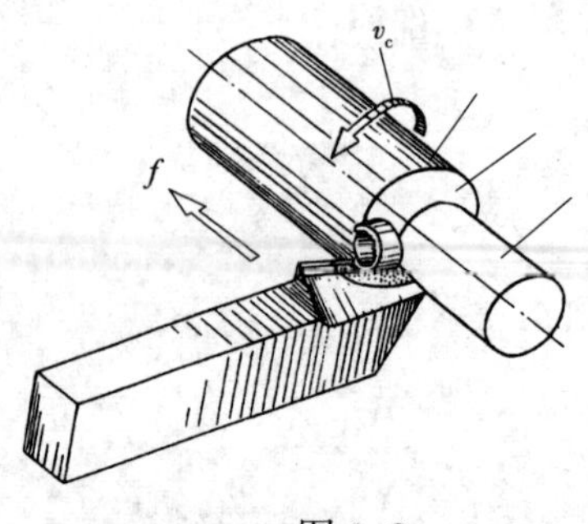

图 1–8

4．写出图 1–9 中各序号所代表的工件表面的名称。

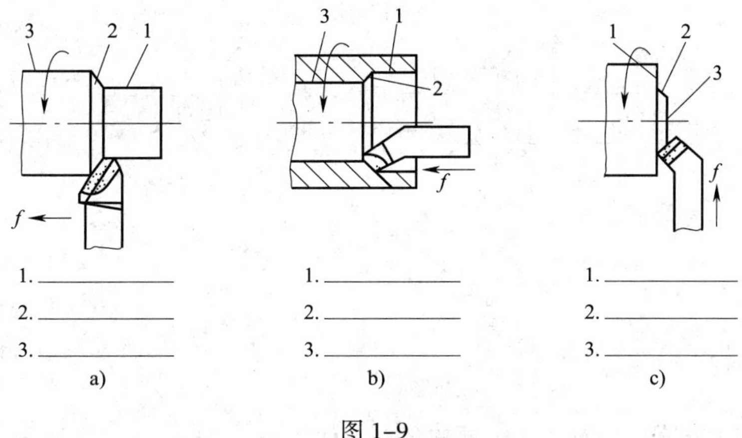

图 1–9

5．在图 1–10 中，分别填写辅助平面、刀面的名称及前角、后角的正或负。

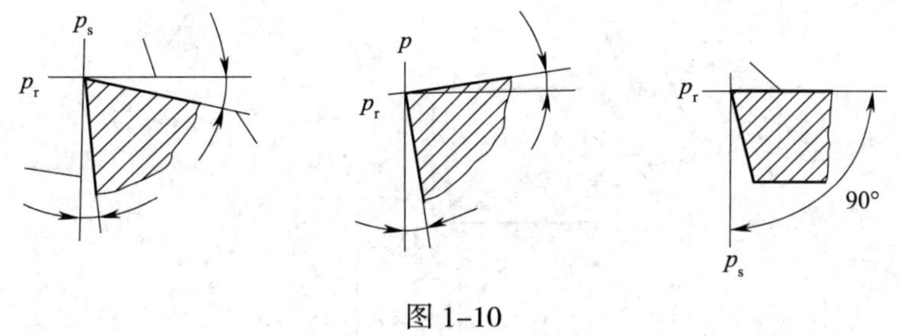

图 1–10

6．在图 1–11 中，分别填写三把车刀中刃倾角的正、负或零值。

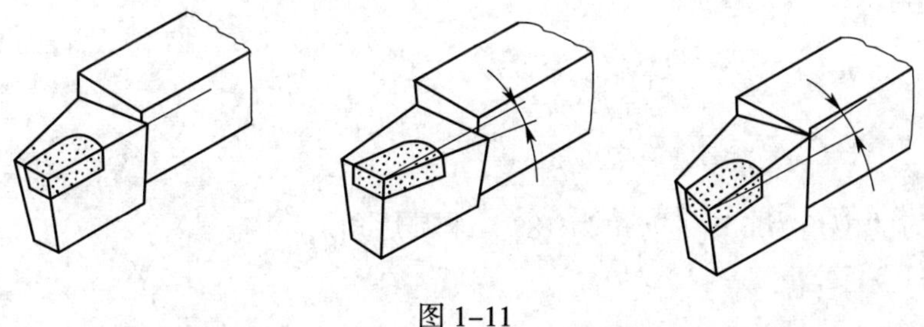

图 1–11

7．指出图 1–12 中各车刀工作时的主切削刃和副切削刃。

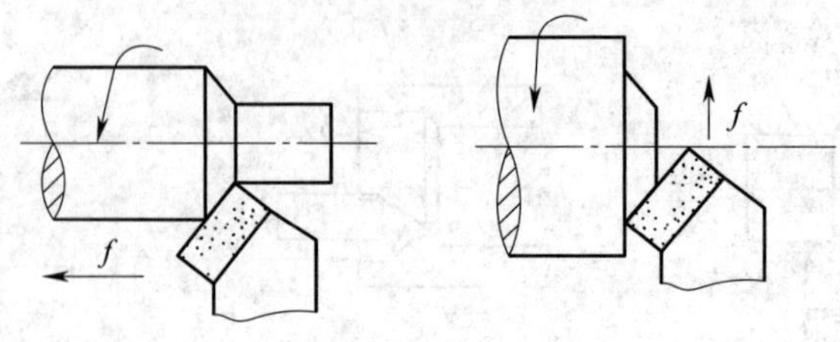

图 1–12

8．在图 1–13 中填写车刀几何角度的名称及代号。

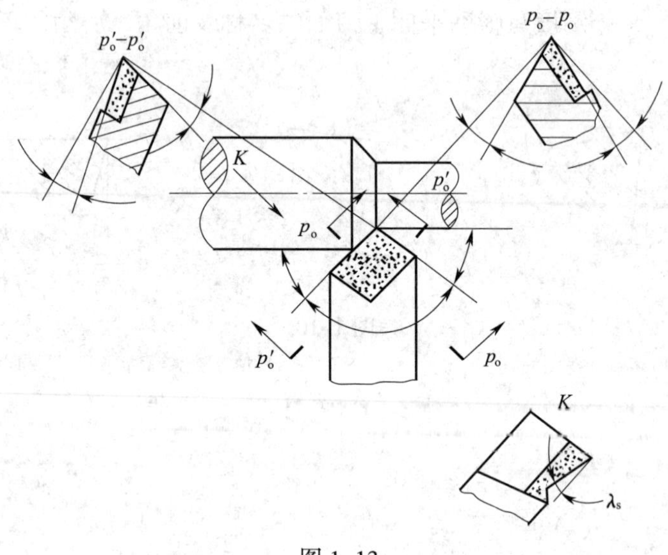

图 1–13

六、简答题

1．90° 车刀的楔角为 65°，前角为 18°，求其后角。

2．主偏角为 75° 的车刀，当它的刀尖角为 97° 时，求其副偏角。

3．车削如图 1–14 所示的工件，应选用哪些车刀？并说明各车刀的用途。

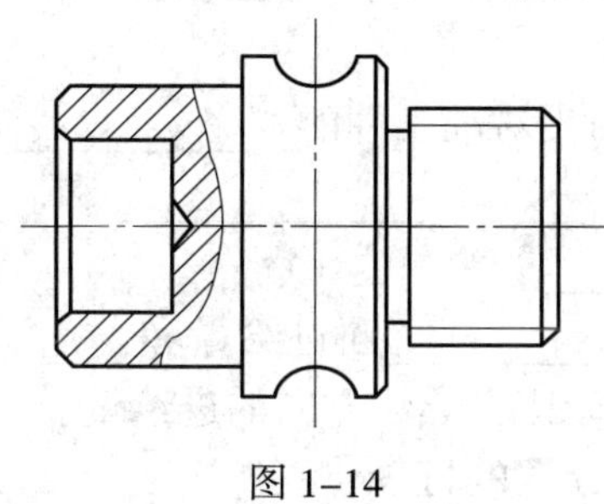

图 1–14

4．如图 1–15 所示，使用 90° 硬质合金车刀车削中碳钢材料工件，简述车刀的刃磨步骤（只写刃磨步骤）。

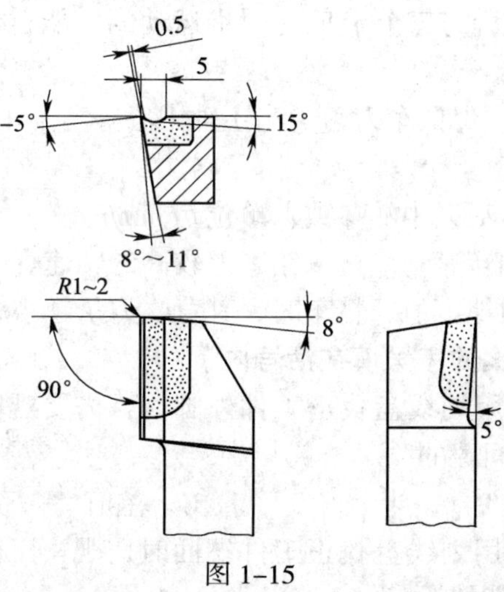

图 1–15

任务六　认识车削的基本操纵方法与切削用量基础

一、填空题（将正确答案填写在横线上）

1．用三爪自定心卡盘装夹长度较长的工件进行粗车或半精车，可用____________和____________进行找正。

2．在四爪单动卡盘上找正工件的目的，是使工件被加工表面的回转中心与车床主轴的回转中心____________。

3．装夹车刀时，应使车刀刀尖对准工件的____________。

4．切削用量包括______________、______________和______________，通常把其称为切削用量的____________________。

5．车削时的进给量分______________向进给量和______________向进给量两种。其中________________是指垂直于车床床身导轨方向的进给量。

二、判断题（正确的打√，错误的打 ×）

1．在四爪单动卡盘上用划线盘找正工件外圆，需要认真观察工件与划针之间的间隙，间隙小应松卡爪，间隙大应紧卡爪。（　　）

2．找正轴类工件时，应先找正远端外圆，然后找正近端外圆。（　　）

3．在四爪单动卡盘上找正、装夹工件较麻烦，对操作工人的技术水平要求较高。（　　）

4．在四爪单动卡盘上装夹工件时，当找正工件最后一项位置精度后，无须对前面已找正的几项精度进行复查和纠正。（　　）

5．由于三爪自定心卡盘的三个卡爪是同步运动的，能自动定心，因此工件装夹后不需进行找正。（　　）

6．在装夹车刀时，为了保证车刀刀尖与主轴中心等高，车刀下面的垫片数量多点好。（　　）

7．进给量是衡量进给运动大小的参数，单位是 mm/r。（　　）

8．计算所得的车床主轴转速，应选取铭牌上较高的转速。（　　）

9．为了减小工件表面粗糙度值，精车时，其背吃刀量越小越好。（　　）

三、选择题（将正确答案的序号填在括号内）

1．在四爪单动卡盘上用划线盘找正工件外圆时，需要观察工件与划针之间的间隙和调整卡爪位置，其调整量为间隙的（　　）。

A．一倍　　B．一半　　C．差值　　D．和值

2．在四爪单动卡盘上用划线盘找正工件端面时，观察工件与划针之间的间隙，在间隙最小处敲击，敲击量为间隙的（　　）。

A．一倍　　B．一半　　C．差值　　D．和值

3．（　　）是衡量主运动大小的参数，单位是 m/min。

A．背吃刀量　　B．进给量　　C．切削速度　　D．主轴转速

4．车削时，主轴转速升高后，（　　）也随之增加。

A．切削速度　　B．进给量　　C．背吃刀量

5．半精车、精车时选择切削用量应首先考虑（　　）。

A．生产效率　　B．加工质量

C．刀具寿命　　D．保证加工质量和刀具寿命

6．一般认为车削工件外圆时，切削速度是（　　）的。

A．逐渐增大　　B．逐渐减小　　C．不变　　D．可变可不变

7．车削工件端面时，切削速度是（　　）的。

A．逐渐增大　　B．逐渐减小　　C．不变　　D．等于 0

8．用高速钢车刀精车时，应选择（　　）切削速度。

A．较低的　　B．中等的　　C．较高的　　D．随意可选

四、综合题

1．加工如图 1–16 所示的零件，一次进给将 ϕ50 mm 的坯料车成 ϕ45 mm，求背吃刀量 a_p。

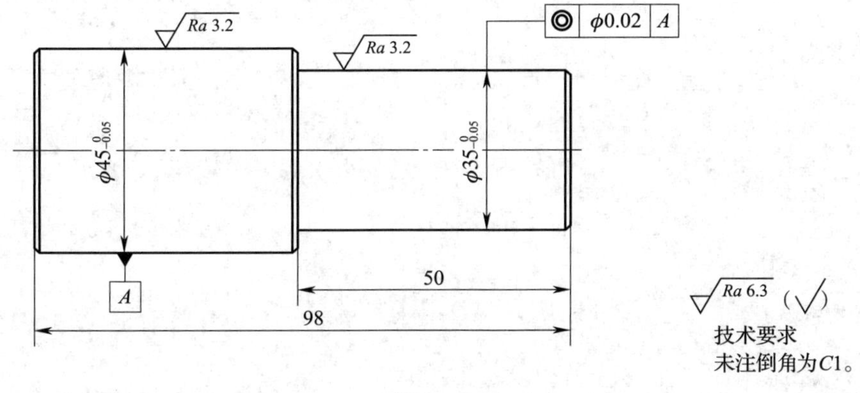

图 1–16

2．车削直径为 50 mm 的轴，已知车床主轴的转速为 600 r/min，求切削速度。

3．一次进给将 ϕ36 mm 的轴车至 ϕ35 mm，若选用 66 m/min 的切削速度，求背吃刀量和应选的车床主轴转速。

模块二 车台阶轴

任务一 选用及刃磨车刀

一、填空题（将正确答案填写在横线上）

1．从图 2–1 可知，轴类工件一般由________、________、________、________、________和________等结构要素构成。

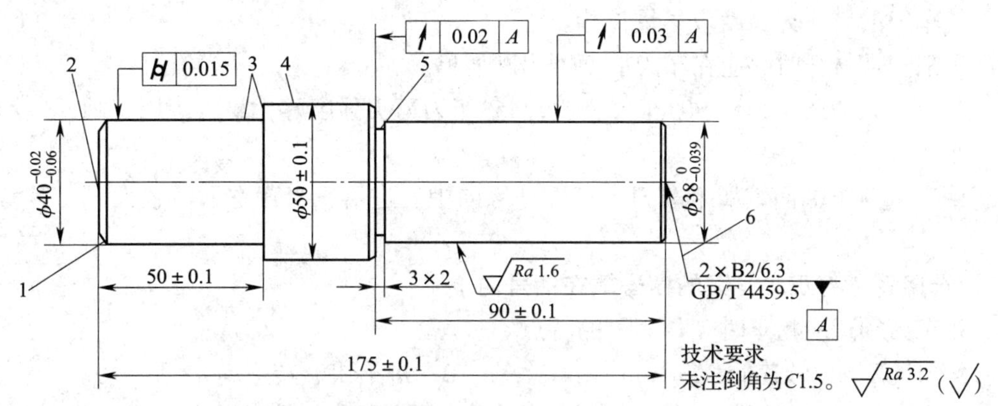

毛坯尺寸：$\phi45\times178$

材料：45 钢

数量：100 件

图 2–1

2．工件的车削一般分为________和________两个阶段。

3．粗车刀必须适应粗车时________和________的特点，主要要求车刀有足够的________，能在一次________车去较多的余量。

4．车外圆、端面和台阶常用的车刀有________、________和________等几种，加工图 2–1 所示零件，精车外圆时可选用________车刀，中间直槽可选用________刀。

5．为了增强切削刃的强度，主切削刃上应磨有________。

6．断屑槽的尺寸主要取决于________和________。

7．精车刀要求车刀________，切削刃________，必要时还可磨出________。切削时必须使切屑排向工件________表面。

8．倒棱的宽度一般为进给量的______倍，修光刃的长度一般为进给量的______倍。

9．90°外圆车刀简称________刀。按车削时进给方向的不同，又分为________刀和________刀两种。

10．右偏刀一般用来车削工件的__________、__________和__________台阶。

11．左偏刀一般用来车削工件的__________和__________台阶。也适用于车削__________________的工件的端面。

12．45° 车刀俗称________刀，常用于车削工件的__________和__________。

13．过渡刃的形状有__________型和__________型两种。

14．装精车刀时必须使修光刃与__________平行，且修光刃的长度必须__________进给量，才能起到更好的修光效果。

二、判断题（正确的打√，错误的打 ×）

1．粗车刀的主偏角越小越好。（　　）

2．粗车刀一般应磨出过渡刃，精车刀一般应磨出修光刃。（　　）

3．外圆精车刀应选用负值的刃倾角，以使切屑排向工件的待加工表面。（　　）

4．精车刀的修光刃长度应尽量长些。（　　）

5．车削塑性材料时，应在车刀前面磨出断屑槽。（　　）

6．45° 车刀、75° 车刀和 90° 车刀相比，45° 车刀刀尖强度好，最为耐用，因此应用最为广泛。（　　）

7．用右偏刀车端面，如果车刀由工件外缘向中心进给，当背吃刀量较大时，容易形成凹面。（　　）

三、选择题（将正确答案的序号填在括号内）

1．粗车刀须适应粗车时（　　）的特点。

A．吃刀深、转速低　　B．进给快、转速高

C．吃刀深、进给快　　D．吃刀深、进给慢

2．粗车外圆时，若车刀前角过小会使切削力（　　）。

A．增大　　B．减少　　C．为零　　D．不变

3．粗车图 2-1 所示钢料的外圆时，车刀主切削刃的倒棱前角一般为（　　）。

A．−30° ~ −10°　　B．−10° ~ −5°　　C．−15° ~ 5°　　D．15° ~ 30°

4．外圆粗车刀的刃倾角一般取负值，以（　　）。

A．减小表面粗糙度值　　B．有利于断屑

C．增加刀头强度　　D．增加刀刃强度

5．工件外圆形状许可时，粗车刀的主偏角宜选用（　　）左右的。

A．45°　　B．75°　　C．90°　　D．93°

6．粗车外圆时，过渡刃偏角应磨成（　　）倍的主偏角。

A．1/4　　B．1/2　　C．1　　D．2

7．粗车时前角和后角取值应（　　）。

A．较大些　　B．较小些　　C．很小　　D．很大

8．在车刀主切削刃上磨有倒棱是为了增加（　　）。

A．刀尖强度　　B．刀刃强度　　C．刀头强度　　D．车刀锋利

9．粗车外圆时，过渡刃长度应刃磨成（　　）mm 合适。

A. 0.2 ~ 0.5　　B. 0.5 ~ 2

C. 2 ~ 4　　D. 4 ~ 8

10. 在外圆精车刀上刃磨修光刃的目的是（　　）。

A. 增加刀头强度　　B. 减小表面粗糙度值

C. 改善刀头散热情况　　D. 使车刀锋利

11. 外圆精车刀的刃倾角应取（　　）。

A. 正值　　B. 负值　　C. 零度　　D. 零度或负值

四、简答题

加工如图 2–1 所示的零件，如精车该零件外圆，则应选择什么样的外圆车刀？并按精车该零件的要求，标注图 2–2 中车刀的几何参数值。

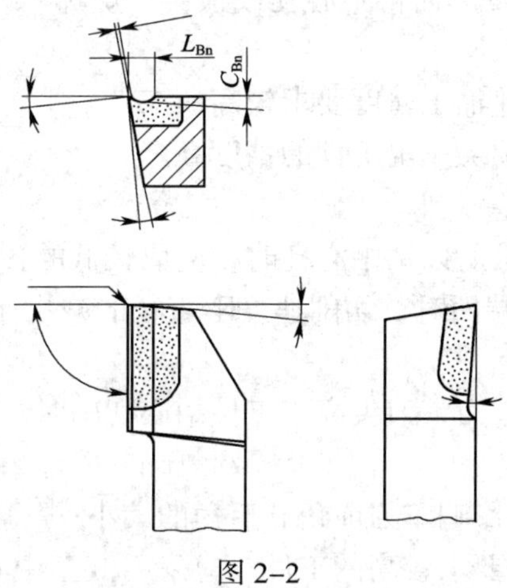

图 2–2

任务二　粗车台阶轴

一、填空题（将正确答案填写在横线上）

1. 粗车如图 2–3 所示较长的轴类零件可采用________________来装夹工件。

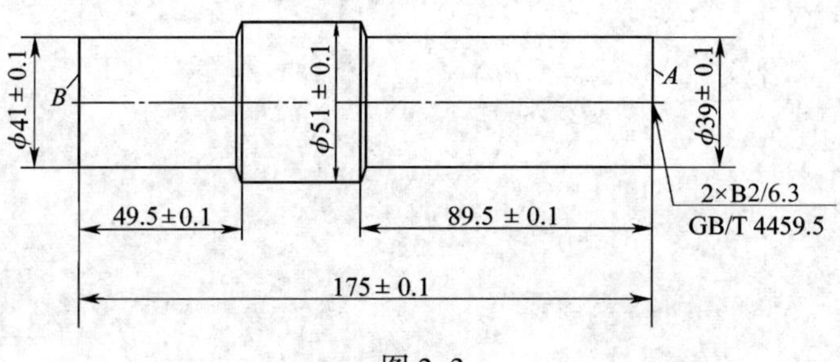

图 2–3

2．采用一夹一顶装夹工件所用的顶尖，通常有____________和____________两种。

3．固定顶尖的特点是刚度____________，定心____________，但只适用于____________加工精度要求____________的工件。

4．中心孔类型有____________型、____________型、____________型和____________型四种。其中带有内螺纹的中心孔是____________型中心孔。

5．中心孔以____________为基本尺寸，它是选取中心钻的依据。

二、判断题（正确的打√，错误的打 ×）

1．一夹一顶装夹工件时，车削中工件从后顶尖上掉下来，通常是由于切削力的作用而使工件产生了轴向位移。（　）

2．两顶尖装夹车削外圆时，前、后顶尖不对正就会出现锥度误差。（　）

3．固定顶尖容易因摩擦发热而将中心孔或顶尖"烧坏"，所以通常要先在中心孔里加黄油。（　）

4．固定顶尖只适用于低速加工精度要求较高的工件。（　）

5．使用回转顶尖比固定顶尖车出工件的精度高。（　）

6．B 型中心孔带 120° 的保护锥。（　）

7．由于中心钻的直径小，所以钻中心孔时，应取较低的转速。（　）

8．由外圆向中心走刀车端面时，切削速度随直径的减小而降低，到工件中心时切削速度为零。（　）

9．安装在刀架上的外圆车刀，刀尖高于工件中心切削时，前角增大、后角减小。（　）

10．车刀歪斜装夹时，会影响车刀前角和后角的大小。（　）

11．工序较多、加工精度要求较高的工件，应采用 B 型中心孔。（　）

12．车外圆时，工件易出现锥度。克服的方法是：如果工件靠卡盘端直径大，应将尾座向离开操作者的方向偏移。（　）

三、简答题

1．加工如图 2–3 所示工件的中心孔时，试简述钻中心孔的步骤以及注意事项。

2．写出粗车图 2–4 所示工件的加工步骤。

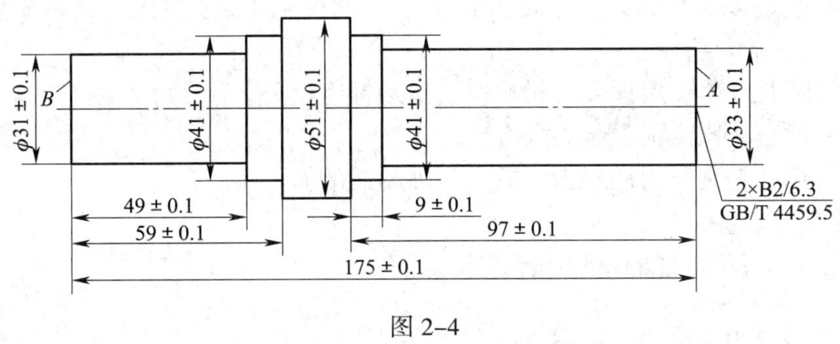

图 2–4

任务三　精车台阶轴

一、填空题（将正确答案填写在横线上）

1．两顶尖装夹适用于装夹__________________或__________________才能完成加工的工件，以及______________________________的工件。因此图 2–5 所示工件的精车应采用__________________装夹。

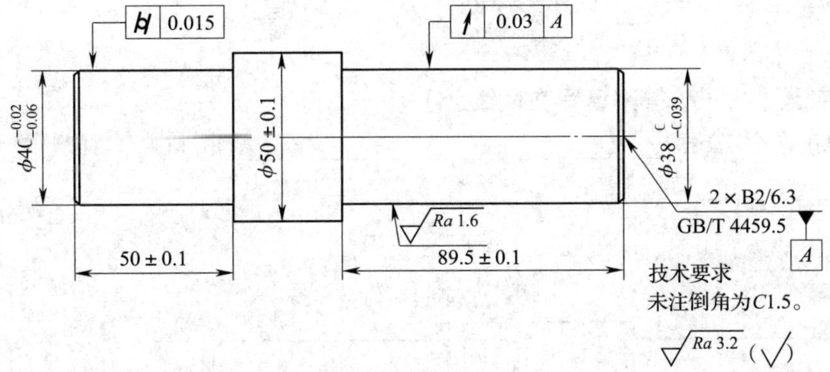

图 2–5

2．前顶尖有装夹在_______________的前顶尖和安装在_______________的前顶尖两种结构。

3．用两顶尖装夹工件时，若顶尖与_______________接触不良，工件会产生圆度误差。

4．常用的百分表有_______________式和_______________式两种。

二、判断题（正确的打√，错误的打 ×）

1．对需要经过多次装夹或工序较多的工件，采用两顶尖装夹比一夹一顶装夹更易保证加工精度。（　　）

2．车削外圆时，前、后顶尖不对正就会出现锥度误差。（　　）

3．一夹一顶装夹比两顶尖装夹的刚度差。（　　）

4．钟表式百分表是利用杠杆齿轮放大原理制成的。（　　）

三、简答题

写出如图 2–6 所示工件的精加工工艺步骤。

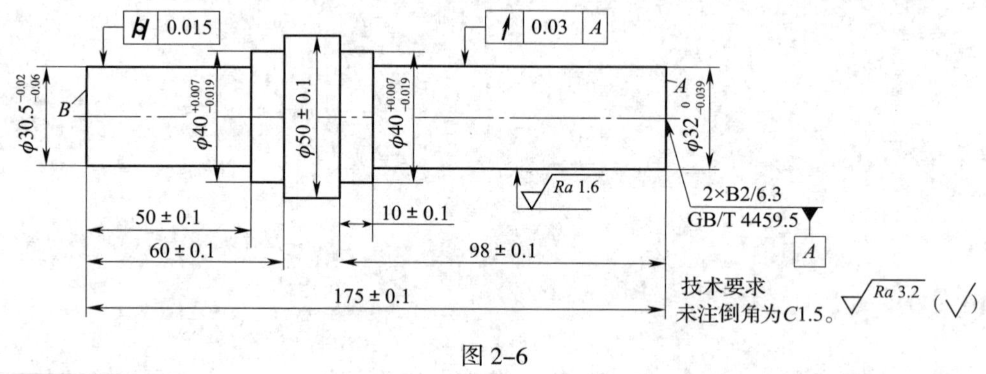

图 2–6

任务四　车　　槽

一、填空题（将正确答案填写在横线上）

1．常见的外沟槽有__________、__________、__________和圆弧轴肩槽等，如 2–7 所示工件的槽为__________槽。

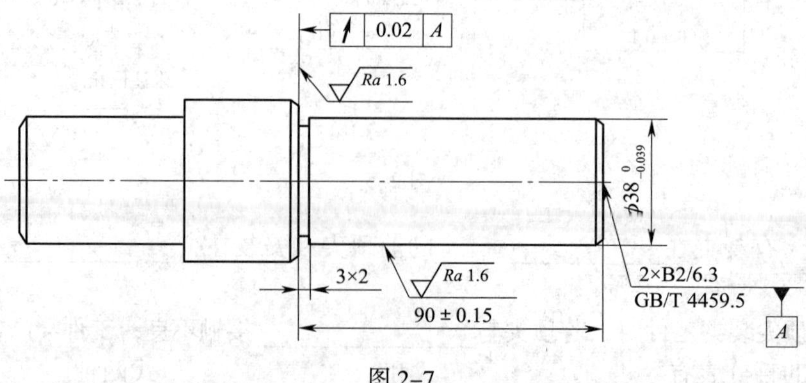

图 2–7

2．装夹外车槽刀时，注意使其主切削刃__________于工件的轴线。

3．用硬质合金切断刀进行切断时，为使排屑顺利，可将主切削刃两边____________或磨成____________。

4．切断直径较大的工件时，为了减少振动，有利于排屑，可采用____________法。

5．切断、车槽时的背吃刀量等于切断刀________的长度，车如图 2–7 所示的外沟槽，则背吃刀量应为________mm。

6．切断中碳钢材料时，切断刀的前角为__________，切断铸铁材料时，切断刀的前角为__________。

7．如图 2–7 所示零件，切槽处直径为 38 mm，选择的刀头宽度应为________mm，刀头长度________mm。

8．用高速钢切断刀切断钢料时，进给量宜选________mm/r，切断铸铁料时，进给量宜选________mm/r。

9．反向切断工件时，卡盘和车床主轴的连接部位必须装有____________装置。

二、判断题（正确的打√，错误的打 ×）

1．切断刀的两个副后角和两个副偏角都应磨得对称。（　　）

2．切断同样一个零件，使用硬质合金切断刀的切削用量比使用高速钢切断刀的要大。（　　）

3．切断刀副切削刃较短，刀头较长。（　　）

4．为了防止切断时在工件端面中心处留有小凸台及切断空心工件不留飞边，可把主切削刃略微磨斜些。（　　）

三、选择题（将正确答案的序号填在括号内）

1．使用反切法切断工件时，工件应（　　）转。

A．正　　B．反　　C．高速

2．切断时背吃刀量等于（　　）。

A．工件的半径　　B．刀头长度　　C．刀头宽度

3．切断外径为 49 mm，孔径为 29 mm 的空心工件，试计算切断刀的主切削刃宽度应取（　　）范围内，刀头长度应取（　　）范围内。

A．2 ~ 2.6 mm　　B．3.5 ~ 4.2 mm

C．12 ~ 13 mm　　D．25.5 ~ 26.5 mm

4．高速钢切断刀的后角一般取（　　）。

A．6° ~ 8°　　B．2° ~ 4°　　C．10° ~ 12°　　D．12° ~ 15°

5．切断刀的两副后角应取 α'_o=（　　）。

A．1° ~ 2°　　B．2° ~ 4°　　C．4° ~ 6°　　D．6° ~ 8°

6．切断刀的两个副偏角应取 κ'_r=（　　）。

A．1° ~ 1.5°　　B．1.5° ~ 3°　　C．3° ~ 4°　　D．4° ~ 5°

四、综合题

1．要切断外圆为 ϕ40 mm 的轴，试计算切断刀的主切削刃宽度和刀头长度。

2. 用高速钢切断刀切断直径为 40 mm 的轴，试在图 2–8 中标注出几何参数值。

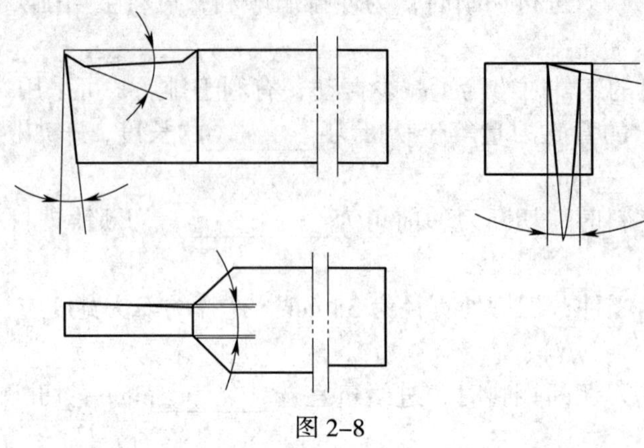

图 2–8

模块三　加工套类工件

任务一　麻花钻的刃磨

一、填空题（将正确答案填写在横线上）

1. 如图 3–1 所示，麻花钻由________、________和________组成。

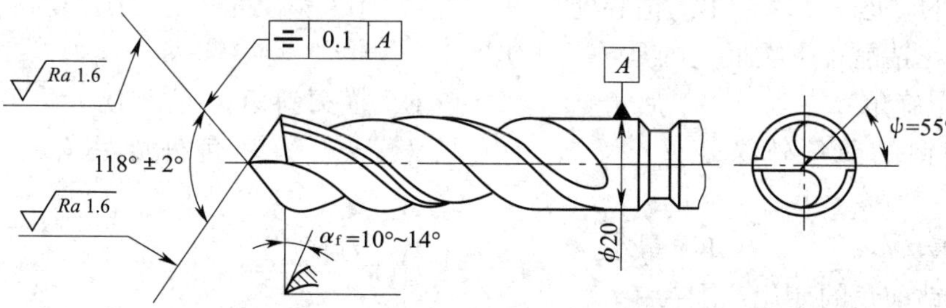

图 3–1

2. 麻花钻的柄部在钻削时起____________作用，有____________和____________两种。

3. 麻花钻的工作部分是由____________和____________部分组成，工作部分的两条螺旋槽的作用是____________、____________和________________________。

4. 麻花钻的导向部分在钻削过程中起____________、____________的作用，同时也是切削部分的____________。

5. 在图 3–1 中，麻花钻两主切削刃之间的夹角称为____________，角度为____________。当顶角大于此角度时，两主切削刃为____________线；当顶角小于此角度时，两主切削刃为____________线。

6. 麻花钻丰切削刃上各点的前角数值是变化的，靠____________处最人，自____________向____________逐渐减小，约在钻头直径的____________处，前角由____________变为____________。

7. 对麻花钻前角影响最大的是____________角。____________角越大，前角越大。

8. 横刃斜角的大小由____________决定，____________增大时，横刃斜角就减小，横刃变____________。

9. 刃磨麻花钻时一般只刃磨两个____________，须同时保证____________角、____________角和横刃斜角正确。

10. 刃磨不正确的麻花钻有________________、________________、________________等几种情况。

二、判断题（正确的打√，错误的打 ×）

1. 麻花钻的顶角为 118° 左右，横刃斜角为 55° 左右。　（　　）

2. 只有把麻花钻的顶角刃磨成 118° 时，钻头才能使用。 （　　）

3. 麻花钻的顶角大时，前角也大，切削省力。 （　　）

4. 麻花钻的最外缘处前角最大，后角最小。 （　　）

5. 麻花钻的棱边是为了减小麻花钻与孔壁之间的摩擦。 （　　）

三、选择题（将正确答案的序号填在括号内）

1. 麻花钻上靠外缘处最小的角度是（　　）。

A. 螺旋角　　B. 前角　　C. 后角　　D. 横刃斜角

2. 标准麻花钻的螺旋角应在（　　）之间。

A. 15° ~ 20°　　B. 18° ~ 30°　　C. 40° ~ 50°　　D. −30° ~ +30°

3. 麻花钻的名义螺旋角是指（　　）。

A. 外缘处　　B. 钻心处　　C. 1/3 直径处　　D. 1/2 直径处

4. 对麻花钻前角影响最大的是（　　）。

A. 螺旋角　　B. 后角　　C. 横刃斜角　　D. 顶角

5. 麻花钻的前角外缘处（　　），中心处（　　）；后角外缘处（　　），中心处（　　）。

A. 最大　　B. 最小　　C. 为 0°

6. 麻花钻前角的变化范围为（　　）。

A. 18° ~ 30°　　B. −30° ~ 30°　　C. 8° ~ 12°　　D. −30° ~ 55°

7. 一般标准麻花钻的顶角为（　　）。

A. 118°　　B. 100°　　C. 150°　　D. 132°

8. 当麻花钻的两主切削刃呈凹曲线形状时，其顶角 $2k_r$（　　）118°。

A. 大于　　B. 等于　　C. 小于　　D. 大于或小于

9. 麻花钻的顶角增大时，前角（　　）。

A. 增大　　B. 减小　　C. 不变

10. 麻花钻的横刃太短，会影响钻尖的（　　）。

A. 耐磨性　　B. 强度　　C. 抗振性　　D. 韧性

11. 钻出的孔扩大并且倾斜，是因为麻花钻的（　　）。

A. 顶角不对称　　B. 切削刃长度不等

C. 顶角不对称且切削刃长度不等

四、名词解释

1. 螺旋角

2．顶角

3．横刃

4．横刃斜角

五、简答题

1．简述麻花钻的刃磨要求。

2．按引线标出如图 3–2 所示麻花钻的各个要素。

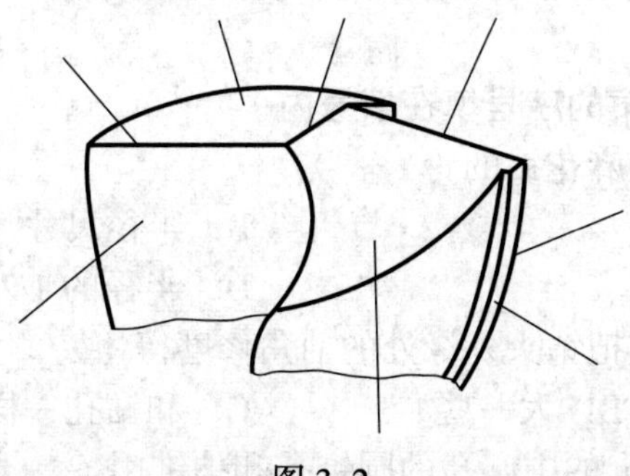

图 3–2

任务二　钻孔和扩孔

一、填空题（将正确答案填写在横线上）

1. 直柄麻花钻的装夹与使用________________装夹中心钻的方法基本相同。

2. 拆卸莫氏过渡锥套中的麻花钻时，可用____________插入腰形孔，通过敲击就可把钻头卸下。

3. 在车床上钻孔时的进给量通常是用手转动____________来控制的。转动尾座手轮时应____________________。

4. 对于________的内孔，可用与孔径大小相同的麻花钻直接钻出。

5. 孔径大于________mm的孔一般采用扩孔的方法加工，即先用小直径钻头钻出底孔，再用大直径钻头钻至所要求的孔径。通常第一次选用钻头的直径为孔径的________倍。

6. 扩孔精度一般可达________，表面粗糙度值 Ra________左右。

7. 常用的扩孔刀具有________和________等。

8. 精度要求一般的孔，扩孔可用________；精度要求较高的孔，半精加工可用________。

9. 扩孔时的背吃刀量是________的一半。

10. 圆锥形锪钻有________、________和________等几种。

二、判断题（正确的打√，错误的打 ×）

1. 钻孔时不宜选择较高的机床转速。（　　）

2. 孔将要钻穿时，进给量可以取大一些。（　　）

3. 钻铸铁时进给量可比钢料略大一些。（　　）

4. 扩孔时进给量可比钻孔时大 1 倍。（　　）

5. 扩孔时背吃刀量是扩孔钻直径的 1/2。（　　）

6. 钻孔前，工件中心处不允许留有凸头，否则会影响麻花钻定心，甚至会使麻花钻折断。（　　）

三、选择题（将正确答案的序号填在括号内）

1. 钻孔时的背吃刀量是麻花钻的（　　）。

A．直径尺寸　　B．半径尺寸
C．直径的 1/3　　D．半径的 1/2

2. 用麻花钻扩孔时，应把钻头外缘处的前角修磨得（　　）。

A．小一些　　B．大一些　　C．和钻孔一样大

3. 圆柱孔直径 d>6.3 mm 的中心孔的圆锥孔和护锥用（　　）进行锪削，孔口倒角和锪螺钉沉孔用（　　）进行锪削。

A．60° 锪钻　　B．90° 锪钻
C．120° 锪钻　　D．30° 锪钻

四、名词解释

1. 扩孔

2. 锪孔

五、简答题

扩孔钻的主要特点有哪些？

六、计算题

如图 3–3 所示的工件，先用直径为 16 mm 的麻花钻钻孔，然后扩孔至 $\phi22$ mm，工件材料为 45 钢，若钻孔时选用车床主轴转速为 600 r/min，求：

（1）钻孔时的背吃刀量 a_p 和切削速度 v_c。

（2）扩孔时若用钻孔时的切削速度，求扩孔时的背吃刀量 a_p 和主轴转速 n。

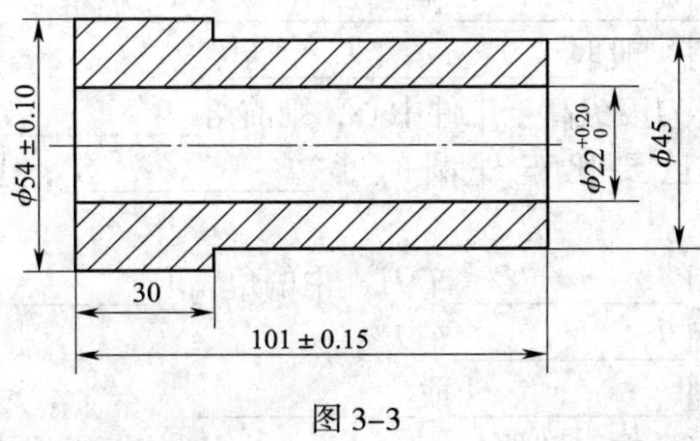

图 3–3

七、综合题

试写出如图 3–4 所示工件的粗加工步骤（孔的加工工序为：先钻 ϕ16 mm 孔，然后扩孔）。

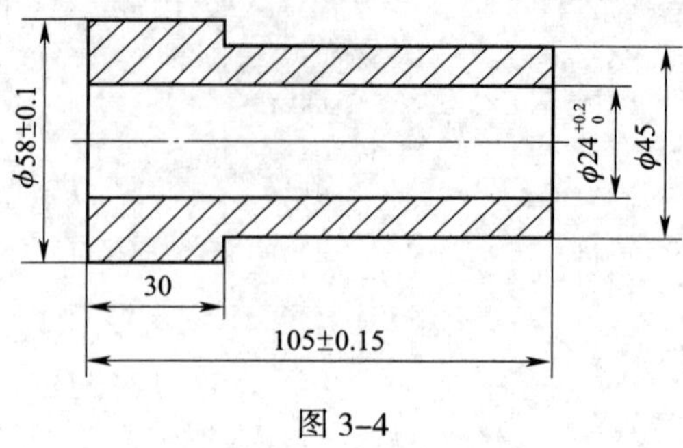

图 3–4

任务三　车孔和铰孔

一、填空题（将正确答案填写在横线上）

1. 车孔精度可达______________，表面粗糙度值可达______________，车孔还可以修正孔的______________。

2. 内孔车刀可分为______________和______________两种。

3. 通孔车刀的主偏角一般取________________。

4. 车孔时，若内孔车刀刀尖高于工件中心，则前角____________，后角____________。

5. 车孔时的进给量要比车外圆时小______________，切削速度比车外圆时低______________。

6. 车削台阶孔应选用____________车刀，主偏角宜取____________。

7. 车削平底孔应选用____________车刀。

8. 盲孔车刀用来车削____________或____________。

9. 车平底盲孔时，刀尖在刀柄的____________，刀尖与刀柄外端的距离应__________内孔半径，否则孔底平面就无法车平。

10. 内沟槽刀与______________刀的几何形状相似，只是装夹方向相反，且在内孔中车槽。

11．刃磨车槽刀时，通常先将________侧副后面磨出即可，切削刃宽度的余量应放在车刀________侧磨出。

12．加工 4 mm 的内沟槽，应选择刀头宽度为________mm 的内沟槽刀，采用直进法分________次车出。

13．端面直槽车刀的几何形状是________车刀与________车刀的综合。

14．装夹端面直槽车刀时，注意使其主切削刃________工件轴线。

15．车端面直槽用的车槽刀，其左侧副后面必须磨成________形，并保证一定的后角。

16．铰孔特别适合加工直径________、长度________的通孔。

17．铰孔的精度可达________，表面粗糙度值 *Ra* 可达________。

18．铰刀由__________、__________和__________组成。

19．机用铰刀的柄部有________和________两种。手用铰刀的柄部做成________。

20．铰削时，使用水溶性切削液，孔的表面粗糙度值________；使用非水溶性切削液，孔的表面粗糙度值________；干铰时，孔的表面粗糙度值________。

21．铰削时，切削速度越低，表面粗糙度值越________。

22．铰刀的工作部分由________、________、________和________组成。

23．铰刀最容易磨损的部位是________和________的过渡处，而且这个部分直接影响工件的表面粗糙度，因而该处不能有________。

24．铰刀的刃齿数一般为________齿，为了测量直径方便，应采用________齿。

25．铰刀按动力来源不同可分为________铰刀和________铰刀。

26．铰孔前必须调整尾座套筒轴线，使其与主轴轴线重合，同轴度最好找正在________mm 之内；或使用________套筒。

二、判断题（正确的打√，错误的打 ×）

1．前排屑通孔车刀的刃倾角为正值，后排屑盲孔车刀的刃倾角为负值。（　　）

2．盲孔车刀的主偏角应大于 90°。（　　）

3．盲孔车刀的副偏角应比通孔车刀大一些。（　　）

4．车孔时，若内孔车刀刀尖高于工件中心，则前角增大，后角减小。（　　）

5．正值刃倾角铰刀不适用于加工盲孔。（　　）

6．铰孔能修正孔的直线度误差。（　　）

7．铰削时，切削速度越低，表面粗糙度值越小。（　　）

8．铰孔前，孔的表面粗糙度值 *Ra* 要小于 6.3 μm。（　　）

9．使用浮动套筒能够改善孔的直线度和同轴度。（　　）

三、选择题（将正确答案的序号填在括号内）

1．通孔车刀的主偏角一般取（　　），盲孔车刀的主偏角一般取（　　）。

A．35° ~ 45°　　B．60° ~ 75°　　C．90° ~ 95°

2．前排屑通孔车刀应选择（　　）刃倾角。

A．正值　　　　　B．负值　　　　　C．零度

3．车孔时的进给量要比车外圆时小（　　），切削速度要比车外圆时低（　　）。

A．20% ~ 40%　　　B．30% ~ 50%　　　C．10% ~ 20%

4．铰出的孔径比实际孔径变大了，是由于（　　）。

A．使用了水溶性切削液　　　　　　B．使用了油溶性切削液

C．干铰

5．铰削铸件时，可采用（　　）作为切削液。

A．乳化液　　　　B．切削油　　　　C．煤油

6．采用（　　）铰出的孔表面质量最好，采用（　　）铰出的孔表面质量最差。

A．水溶性切削液　B．油溶性切削液　C．干铰

7．铰削钢件孔时的切削速度应取（　　）m/min 以下。

A．10　　　　　B．5　　　　　C．20

8．用高速钢铰刀精加工孔时，铰削余量应留（　　）mm。

A．1 ~ 1.5　　　　　　　　　B．0.4 ~ 0.8

C．0.08 ~ 0.12　　　　　　　D．0.15 ~ 0.20

四、简答题

1．简述车孔的关键技术及应采取的措施。

2．简述铰削时切削用量应如何选择。

3．简述套类零件形位精度的保证方法。

4．简述检测内孔圆柱度误差的方法。

模块四　加工圆锥工件

任务一　用转动小滑板法车圆锥

一、填空题（将正确答案填写在横线上）

1．在车床上加工圆锥的方法主要有____________、____________、____________、仿形法、宽刃刀法等。

2．圆锥的基本参数主要有__________、__________、____________、和__________。

3．当圆锥半角 $\alpha/2 < 6°$，可用公式 $\alpha/2=$____________来计算。

4．______________________简称最大圆锥直径。

5．圆锥分为__________和__________两种。

6．转动小滑板法适用于加工圆锥半角________且锥面________的工件。

7．常用圆锥角度和锥度的检测方法有________、________和________等。

二、判断题（正确的打√，错误的打 ×）

1．圆锥配合时，圆锥角越小，定心精度越高。（　　）

2．圆锥长度是最大圆锥直径与最小圆锥直径之间的距离。（　　）

3．锥度是最大圆锥直径和最小圆锥直径之差与圆锥长度之比。（　　）

4．圆锥半角与锥度属于同一参数。（　　）

5．用涂色法检验外圆锥时，如果外圆锥小端显示剂擦去，而大端显示剂未擦去，说明工件圆锥角小了。（　　）

6．用转动小滑板法车圆锥，调整范围小。（　　）

7．车圆锥时，如果刀尖没有对准工件回转轴线，则车出的工件会产生双曲线误差。（　　）

三、选择题（将正确答案的序号填在括号内）

1．万能角度尺可以测量（　　）范围内的任意角度。

A．0° ~ 180°　　B．0° ~ 360°　　C．0° ~ 90°　　D．0° ~ 320°

2．对于标准圆锥或配合精度要求较高的圆锥工件，一般可以使用（　　）检验。

A．游标万能角度尺　　B．角度样板

C．正弦规　　D．涂色法

3．用圆锥套规检验外圆锥时，若工件大端处的显示剂被擦，说明圆锥角（　　）。

A．大了　　B．小了　　C．合适

4．用转动小滑板法车圆锥时，若最大圆锥直径靠近主轴端，小滑板应（　　）。

A．逆时针转动 $\alpha/2$　　B．顺时针转动 $\alpha/2$

C．逆时针转动 α　　D．顺时针转动 α

四、综合题

1．简述圆锥配合的优点。

2．转动小滑板车圆锥有什么特点？

3．车削如图 4–1 所示的工件，试计算其圆锥半角和小端直径。

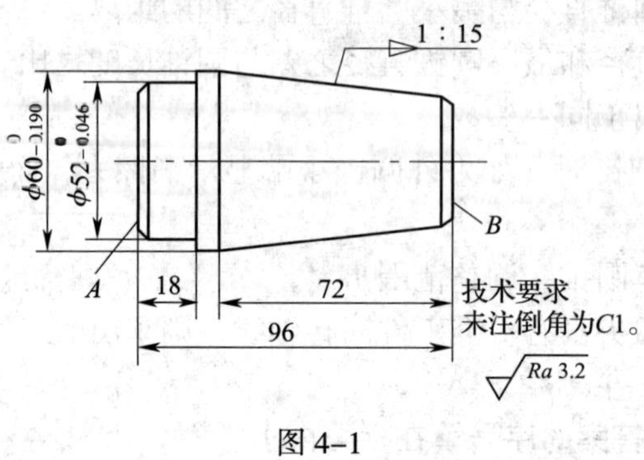

图 4–1

4．试写出如图 4–2 所示工件的加工工艺步骤。

毛坯尺寸：ϕ50mm × 70mm　　材料：45 钢　　数量：1 件

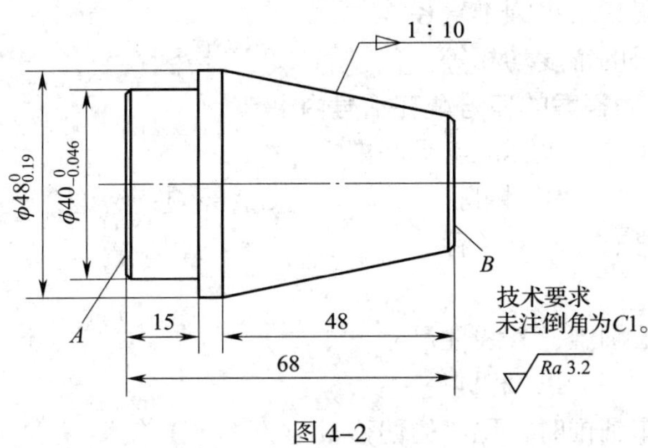

图 4–2

任务二　用偏移尾座法车圆锥

一、填空题（将正确答案填写在横线上）

1．常用的标准工具圆锥有________________和________________两种。

2．莫氏圆锥是机械制造业中应用最广泛的一种圆锥，共________个号码，其中最小的是________号，最大的是________号。

3．米制圆锥有_________、_________、_________、_________、_________、_________和 200 号共 7 个号码，它们的号码是指____________，其锥度为____________。

4．用偏移尾座法车外圆锥时，尾座的偏移量不仅与____________有关，而且还与____________有关，这段距离可近似看作工件全长。

5．宽刃刀车圆锥适用于车削____________、____________、____________要求不高的圆锥工件。

二、判断题（正确的打√，错误的打 ×）

1．采用偏移尾座法车外圆锥，需将工件用两顶尖装夹 。（　　）

2．偏移尾座法也可以加工整锥体或内圆锥。（　　）

3．用宽刃刀车削圆锥，实质上属于成形法车削。（　　）

4．用偏移尾座法批量车圆锥时，如果两端中心孔深度不一致，会造成工件锥度不一致。（　　）

5．莫氏锥度的号码越大，锥度越大。（　　）

6．在莫氏圆锥中，虽然号数不同，但圆锥角都相同。（　　）

7．米制圆锥的号码指最小圆锥直径。（　　）

8．米制圆锥各号码的锥度均相等。（　　）

三、选择题（将正确答案的序号填在括号内）

1．莫氏圆锥属于（　　）标准工具圆锥。

A．国家　　B．国际　　C．部颁　　D．专用

2．常用的工具圆锥有（　　）种。

A．3　　B．2　　C．4　　D．5

3．不同号码的莫氏圆锥，其线性尺寸（　　）。

A．不同　　B．相同

4．用偏移尾座法车圆锥时，尾座的偏移量与（　　）有关。

A．工件全长　　B．圆锥长度　　C．锥度　　D．圆锥素线长度

5．用宽刃刀车外圆锥时，刃倾角应取（　　）。

A．正值　　B．负值　　C．零度

四、简答题

1．简述偏移尾座法车圆锥的特点。

2．有一带圆锥的轴类工件，最大圆锥直径 D=50 mm，最小圆锥直径 d=43 mm，圆锥部分长度 L=140 mm，工件总长 L_0=200 mm，求锥度 C、圆锥半角 $\alpha/2$（近似计算）及尾座的偏移量 S。

3．试写出如图 4–3 所示零件的加工工艺步骤。

毛坯：ϕ40 mm × 285 mm　　材料：45 钢　　数量：1 件

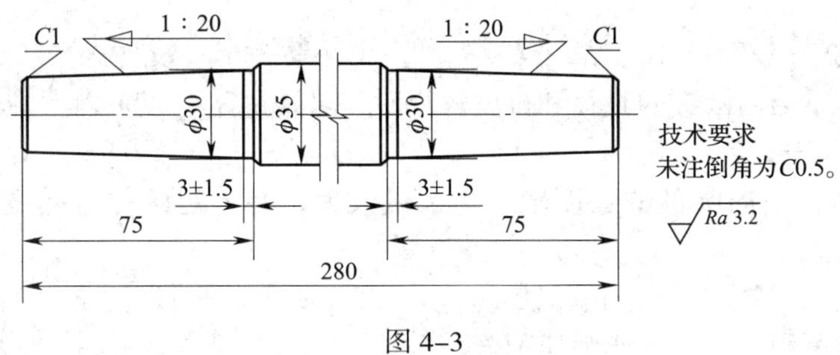

图 4–3

任务三　铰 内 圆 锥

一、填空题（将正确答案填写在横线上）

1．加工直径较小的标准内圆锥，可用________进行加工。

2．用铰削方法加工的内圆锥比车削加工精度________，表面粗糙度值 *Ra* 可达到________μm。

3．圆锥形铰刀一般分为________铰刀和________铰刀两种。

4．铰削时，铰刀轴线必须与主轴轴线________，最好将铰刀装在浮动夹头上采用浮动铰削，以免因轴线偏斜而引起工件孔径________。

5．铰削中若碰到铰刀锥柄在尾座套筒内打滑旋转，必须________，绝不能用手抓，以防划伤手；铰削完毕，应先________后________。

二、判断题（正确的打√，错误的打 ×）

1．对于直径较小、精度要求较高的内圆锥面，可用车削方法达到要求。（　　）

2．进给量应根据锥度大小选取，锥度大，进给量要小一些，反之可以大一些。（　　）

3．铰莫氏锥孔时，钢件进给量一般比铸铁件进给量大一些。（　　）

4．铰内圆锥面时，必须浇注充分的切削液，以减小工件的表面粗糙度值。（　　）

5．内圆锥的精度和表面质量是由铰刀的切削刃保证的，因而铰刀刀刃必须保护好，使用前要先检查刀刃是否完好。（　　）

6．铰削时，手动进给应缓慢而均匀。（　　）

三、选择题（正确的打√，错误的打 ×）

1．铰削孔时，当内圆锥的直径和锥度较大，且有较高的位置精度要求时，可采用（　　）内圆锥法。

A．钻—扩—铰　　B．钻—铰　　C．钻—车—铰

2．铰削孔时，当内圆锥的直径和锥度较小时，可采用（　　）内圆锥法。

A．钻—扩—铰　　B．钻—铰　　C．钻—车—铰

3．铰削孔时，当内圆锥的长度较长、余量较大，有一定的位置精度要求时，可采用（　　）内圆锥法。

A．钻—扩—铰　　B．钻—铰　　C．钻—车—铰

4．铰钢件时可用（　　）作为切削液。

A．切削油　　B．植物油　　C．煤油　　D．柴油

5．铰削时，车床主轴转向为（　　）。

A．正转　　B．反转　　C．可正转，也可反转

模块五　滚花和车成形面

任务一　滚　　花

一、填空题（将正确答案填写在横线上）

1．滚花花纹有____________和____________两种。

2．滚花花纹有粗细之分，以_______区分。

3．花纹的粗细通常根据工件滚花部位_______大小选择，直径大选用_______花纹，直径小则选用_______花纹。

4．滚花刀的种类一般有____________、____________、____________三种。

5．滚花前滚花表面的直径 d_0 应根据工件材料的性质和模数 m 的大小相应车小_________________________。

6．滚压碳素钢或滚花表面要求一般的工件时，可使滚花刀刀柄尾部向左偏斜________装夹，以便于切入工件表面且不易乱纹。

7．开始滚压时，挤压力要_______，使工件一开始就形成较深的花纹，这样不易产生乱纹。

二、判断题（正确的打√，错误的打 ×）

1．滚花是为了增加摩擦。（　　）

2．滚花时，模数越大，花纹越粗。（　　）

3．滚花表面直径大的应选模数小的滚花刀。（　　）

4．双轮滚花刀可以滚不同模数的花纹。（　　）

5．六轮滚花刀有 6 对不同模数的滚轮。（　　）

6．滚压有色金属或滚花表面要求较高的工件时，滚花刀滚轮轴线应与工件轴线平行。（　　）

7．安装滚花刀时，滚花刀滚轮中心（或刀杆转轴中心）要与工件回转中心等高。（　　）

8．滚压细长工件时应防止工件弯曲，滚压薄壁工件时应防止变形。（　　）

三、选择题（将正确答案的序号填在括号内）

1．只能滚直纹的是（　　）。

A．单轮　　B．双轮　　C．六轮

2．为了减小滚花开始时的背向力，可以使滚轮表面宽度的（　　）与工件表面接触，这样容易切入工件表面。

A．1/3 ~ 2/3　　B．1/3 ~ 1/2　　C．1/4 ~ 1/2　　D．1/4 ~ 1/3

3．滚花前，工件的表面粗糙度值 Ra 应为（　　）μm。

A．1.6　　B．3.2　　C．6.3　　D．12.5

四、简答题

1．什么叫滚花？

2．试写出如图 5–1 所示工件的加工工艺步骤。

毛坯尺寸：ϕ40 mm × 70 mm　　材料：45 钢　　数量：1 件

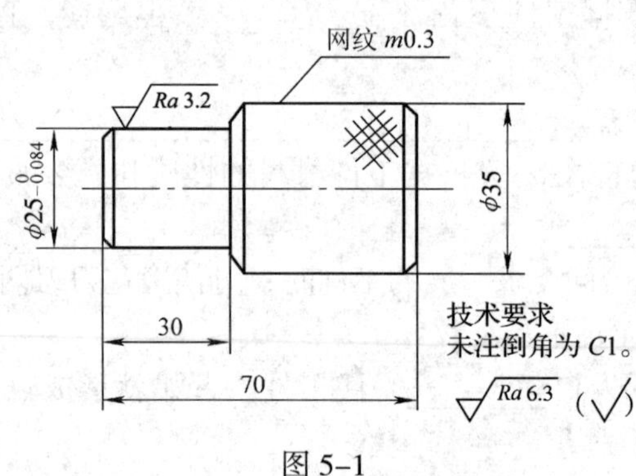

图 5–1

任务二　成形面的加工

一、填空题（将正确答案填写在横线上）

1．用双手控制____________或者控制中滑板与床鞍的合成运动，使刀尖的运动轨迹与所加工工件表面素线（曲线）____________，以实现车____________目的的方法称为双手控制法。

2．成形面通常用____________检测，球面还可用____________检测。

3．成形刀的刃口要对准工件回转轴线，装高容易__________，装低会引起__________。

4．在车床上用锉刀修整工件时，推锉的力量和压力要均匀，以免增大工件的__________误差。

二、判断题（正确的打√，错误的打 ×）

1．双手控制法适用于单件或数量较少、精度要求不高的成形曲面的加工。（　　）

2．双手控制法具有灵活、简便的特点，但操作者需具有较高的操作水平。（　　）

3．成形刀的刃倾角宜取正值。（　　）

4．成形刀的后角和前角宜取较大值，以保证车刀的契角较小，切削刃锋利。（　　）

5．用成形刀车削成形曲面时，可采用反切法进行车削，以减少振动。（　　）

6．成形精车刀的径向前角宜取 0°。（　　）

7．双手控制法车出的成形面质量一般不高，通常须经锉刀修整和砂布抛光。（　　）

8．在车床上用锉刀修整成形面时，为提高效率，工件转速应选取高速。（　　）

9．在车床上锉削工件时，推锉速度尽量快些。（　　）

10．用砂布抛光时宜选择较高的工件转速。（　　）

11．禁止将砂布缠绕在手指上进行抛光。（　　）

三、选择题（将正确答案的序号填在括号内）

1．检测球面的常用工具有（　　）。

A．样板　　B．千分尺　　C．以上都可

2．车成形面时，车刀一般应从曲面（　　）进给。

A．高处向低处　　B．低处向高处　　C．以上都可

3．下面砂布中最细的是（　　）。

A．0 号　　B．1 号　　C．2 号

四、简答题

1．简述用双手控制法车成形面的特点。

2．使用成形法车成形面时应注意哪些问题？

3．如图 5–2 所示为单球手柄工件，材料为热轧圆钢。试进行工艺分析并写出车削加工步骤。

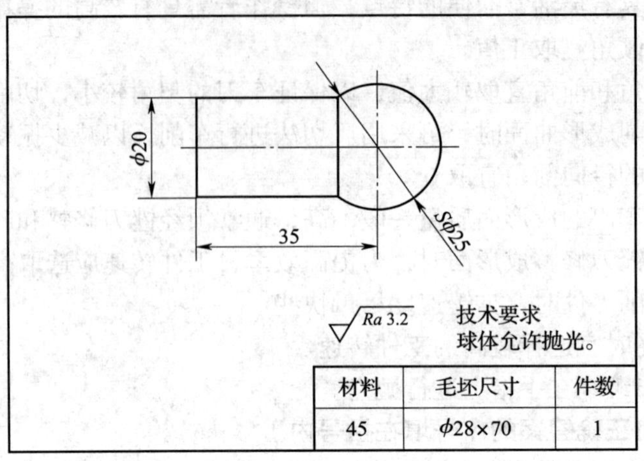

材料	毛坯尺寸	件数
45	ϕ28×70	1

图 5–2

模块六　螺纹与蜗杆的加工

任务一　低速车削普通外螺纹

一、填空题（将正确答案填写在横线上）

1. 螺纹按用途可分为____________螺纹、____________螺纹和____________螺纹。

2. 传动螺纹按牙型可分为____________螺纹、____________螺纹、____________螺纹和____________________螺纹等。

3. 螺纹按螺旋方向可分为________________螺纹和________________螺纹；按线数可分为________________螺纹和________________螺纹；按母体形状可分为____________螺纹和____________螺纹。

4. 三角形螺纹分为______________、______________和______________三种。

5. 粗牙普通螺纹代号用_________和______________表示。

6. 细牙普通螺纹代号用_________及______________乘以______________表示。

7. 一般情况下，螺纹车刀切削部分的材料有____________和______________两种。

8. 下列普通螺纹 M6、M10、M16、M18 和 M24 的螺距分别是_______mm、_______mm、_______mm、_______mm 和_______mm。

9. 在有进给箱的车床上车削常用螺距（或导程）的螺纹和蜗杆时，一般只要按照车床__________箱铭牌上标注的数据，变换________箱外的手柄位置并配合更换________箱内的交换齿轮就可以得到常用的螺距（或导程）。

10. 车螺纹时，当工件转一转，车刀必须沿工件轴线方向移动____________________。

11. 常见的螺纹检测方法有______________法和______________法两种。用螺纹量规来检测属于______________法。

二、判断题（正确的打√，错误的打 ×）

1. 普通螺纹、60° 密封管螺纹和米制锥螺纹的牙型角都是 60° 。（　　）

2. 螺纹牙型是指在通过螺纹轴的剖面上的螺纹轮廓形状。（　　）

3. 螺纹车刀工作时的前角、后角与车刀的刃磨前角、刃磨后角的数值不相同。（　　）

4. 车削右旋螺纹时，螺纹车刀右侧切削刃的工作后角变大。（　　）

5. 螺纹精车刀的径向前角应取得较大，才能达到理想的效果。（　　）

6. 开倒顺车是在一次行程结束时，提起开合螺母，把车刀沿径向退出后，使螺纹车刀沿纵向退回，再进行第二次车削。（　　）

7. 车削螺纹时，一般可用钢直尺、游标卡尺或螺纹样板对螺距（或导程）进行测量。（　　）

8. 用螺纹千分尺只能测量牙型角为 60° 的螺纹中径。（　　）

三、选择题（将正确答案的序号填在括号内）

1．螺纹公称直径是代表螺纹尺寸的直径，一般是指螺纹（　　）的基本尺寸。

A．中径　　B．小径　　C．大径　　D．底径

2．（　　）的螺纹不是右旋螺纹。

A．顺时针旋转时旋入　　B．逆时针旋转时旋入

C．逆时针旋转时旋出　　D．螺纹垂直放置时右侧的牙高于左侧

E．顺时针旋转时旋出

3．普通螺纹的牙型角为（　　）。

A．30°　　B．60°　　C．55°　　D．29°

4．下列螺纹中，不是60°牙型角的是（　　）。

A．普通螺纹　　B．55°非密封管螺纹

C．60°密封管螺纹　　D．细牙普通螺纹

5．在同一螺旋线上，大径上的螺纹升角（　　）中径上的螺纹升角。

A．大于　　B．小于　　C．等于

6．如果工件材料是钢料，则螺纹车刀切削部分的材料选用（　　）较合适。

A．P10或高速钢　　B．K30或高速钢

C．M10或K30　　D．P10或M10

7．车右旋螺纹时，车刀左侧切削刃的后角比其刃磨后角（　　）。

A．大　　B．小　　C．相等

8．如果螺纹车刀的径向前角大于0°，其两刃夹角等于60°，则车出的螺纹牙型角（　　）60°。

A．等于　　B．大于　　C．小于

9．如果螺纹车刀的径向前角大于0°，则车出螺纹的牙型是（　　）线。

A．直　　B．曲　　C．任意

四、简答题

1．解释下列螺纹代号。

M16–6g–L–LH

M16×1–6H7H

2．车螺纹时产生乱牙的原因是什么？应该如何解决？

3．怎样测量螺纹的螺距？

4．怎样测量螺纹的中径？

5．车出的螺纹牙型不正确，其主要原因是什么？

五、计算题

车削螺纹升角等于 3° 48′ 的右旋螺纹，螺纹车刀两侧切削刃的后角应各刃磨成多少度？

六、应用题

请在图 6–1 中标出牙型角、螺距、大径、中径、小径和螺纹升角。

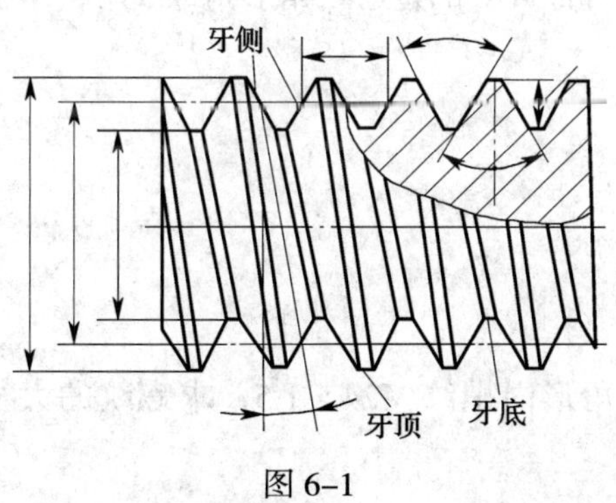

图 6–1

任务二　低速车削普通内螺纹

一、填空题（将正确答案填写在横线上）

1. 内螺纹通常有______________内螺纹、______________内螺纹和______________内螺纹三种形式。

2. 在选择内螺纹车刀时，也需要注意内孔车刀的______________和______________问题。

3. 车削螺纹时中、小滑板适当调紧一些，以防在加工中产生__________造成乱牙。

二、判断题（正确的打√，错误的打 ×）

1. 同规格的外螺纹中径 d_2 和内螺纹中径 D_2 的基本尺寸相等，螺纹中径处的沟槽和凸起宽度相等。（　　）

2. 装夹车刀时，车刀刀尖应对准工件轴线。（　　）

3. 精车时刀具不锋利容易产生让刀现象。（　　）

4. 内螺纹的大径也就是内螺纹的底径。（　　）

5. 内螺纹一般采用螺纹塞规进行综合检测。（　　）

6. 内螺纹车刀除了其切削刃几何形状应具有外螺纹车刀的几何形状特点外，还应具有内孔车刀的特点。（　　）

7. 车削塑性金属的三角形内螺纹前的底孔直径 $D_{孔}$，应比同规格的脆性金属的底孔直径 $D_{孔}$要小一些。（　　）

8. 车削内螺纹时，不能用手去摸螺纹表面，但可以把砂纸卷在手指上对内螺纹进行去毛刺。（　　）

三、计算题

1. 分别车削材料为钢和铝的 M16 的普通三角形内螺纹时，车削螺纹前的孔径各是多少？

2. 车削 45 钢的普通三角形内螺纹 M24 × 1.5，求螺纹的大径、中径、小径以及中滑板的进刀格数。

任务三 高速车削普通外螺纹

一、填空题（将正确答案填写在横线上）

1．高速车削螺纹和加工脆性金属材料螺纹时，应选用______________材料的螺纹车刀。

2．为防止高速车削时产生__________和__________现象，车刀刀尖可略高于工件轴线。

二、判断题（正确的打√，错误的打×）

1．高速车削螺纹应使用高速钢车刀。 （ ）

2．高速车削螺纹时，车刀刀尖可以略高于工件轴线 0.1 ~ 0.2 mm。 （ ）

3．用硬质合金车刀车削螺纹宜采用直进法。 （ ）

4．高速车削螺纹时，一定要加注切削液。 （ ）

5．高速车削螺纹时，实际螺纹牙型角会扩大。 （ ）

三、选择题（将正确答案的序号填在括号内）

1．高速车削普通螺纹时，硬质合金三角形外螺纹车刀的刀尖角应选择（ ）。

A．略小于 60° B．60° C．略大于 60°

2．高速车削螺距为 1.5 ~ 3.5 mm 的三角形外螺纹，其外径一般可以减小（ ）mm。

A．0.05 B．0.1 C．0.2 ~ 0.4 D．0.5 ~ 0.6

3．高速车削螺纹时，最后一刀的背吃刀量一般应不小于（ ）mm。

A．0.1 B．0.2 C．0.3 D．0.4

四、简答题

高速车削 P=3 mm 的螺纹时，其进给次数和背吃刀量应如何分配？

任务四 车削管螺纹

一、填空题（将正确答案填写在横线上）

1．55° 非密封管螺纹的标记代号由______________、______________和______________组成。

2．常见的管螺纹有__________管螺纹、__________管螺纹、__________管螺纹三种。其中牙型角为 55° 的管螺纹有________种，60° 的管螺纹有________种。

3．车削管螺纹的常用方法有____________、____________、____________。

二、判断题（正确的打√，错误的打 ×）

1．相同公称直径的细牙普通螺纹比粗牙普通螺纹的螺距小。（　　）

2．英制螺纹的公称直径是指内螺纹大径，用 in 表示。（　　）

3．$R_1$1/2 是 55° 密封管螺纹，1/2 表示该螺纹的公称直径为 1/2 in。（　　）

4．管螺纹的尺寸代号指管孔直径的尺寸。（　　）

三、选择题（将正确答案的序号填在括号内）

1．（　　）螺纹是在管子上车削的特殊的细牙螺纹，其牙型角有 55° 和 60° 两种。

A．普通　　B．英制　　C．管　　D．小

2．美制管螺纹的牙型角为（　　），英制管螺纹的牙型角为（　　）。

A．30°　　B．60°　　C．55°　　D．29°

四、解释管螺纹代号

1．G1A

2．Rc1$\frac{1}{2}$ - LH

3．NPT1/2

任务五　套　螺　纹

一、填空题（将正确答案填写在横线上）

1．套螺纹是指用______________切削外螺纹的一种加工方法，该方法操作______________，生产效率____________。

2．一般直径不大于____________或____________的螺纹可用套螺纹的方法加工。

3．圆板牙装入套螺纹工具时不能歪斜，必须使圆板牙端面与________垂直。

二、判断题（正确的打√，错误的打 ×）

1. 圆板牙大多用合金钢制成，它是一种标准的多刃螺纹加工工具。（　　）

2. 螺纹的规格和螺距可在圆板牙端面上查看。（　　）

3. 切削钢件时，一般选用硫化切削油、机油或乳化液。（　　）

4. 用套螺纹的方法加工钢件时切削速度一般为 6 ~ 9 m/min。（　　）

5. 选用圆板牙时，应检查圆板牙的齿形是否有缺损。（　　）

三、选择题（将正确答案的序号填在括号内）

1. 由于套螺纹时工件材料受圆板牙的挤压而产生变形，所以套螺纹前的外圆直径应比螺纹的公称尺寸略小（　　）。

A. 0.13P　　B. 0.65P　　C. 1.3P　　D. 1.05P

2. 当圆板牙切削到所需长度位置时，应使主轴（　　），退出圆板牙。

A. 正转　　B. 反转　　C. 停转

任务六　攻　螺　纹

一、填空题（将正确答案填写在横线上）

1. 攻螺纹是用________切削内螺纹的一种加工方法，该方法操作方便，生产效率高，工件互换性好。

2. 丝锥可分为________丝锥和________丝锥两类。

3. 攻盲孔螺纹时，由于丝锥前端的切削刃不能攻制出完全的牙型，所以钻孔深度要________规定的孔深。

4. 通常钻孔深度约等于螺纹的有效长度加上螺纹公称直径的________倍。

5. 选用丝锥时，应检查丝锥是否________。

二、判断题（正确的打√，错误的打 ×）

1. 攻螺纹可以加工用内螺纹车刀无法或难以车削的小直径或加工困难的内螺纹。（　　）

2. 丝锥是用高速钢制成的一种成形多刃刀具，也叫丝攻。（　　）

3. 机用丝锥通常是用单支攻制螺纹，一次成形，生产效率高。（　　）

4. 为了减小切削抗力并防止丝锥折断，攻螺纹前的孔径必须比螺纹小径稍小一些。（　　）

5. 攻螺纹前可用 60° 锪钻或用车刀在孔口倒角。（　　）

6. 攻螺纹时一般应分多次进给，即丝锥每攻一段深度后应及时退出，再继续进给。（　　）

7. 可以在车床运转时用手或棉纱清理螺孔内的切屑。（　　）

三、选择题（将正确答案的序号填在括号内）

1. 手用丝锥主要是手工使用，通常为两支一组或三支一组，分别称为（　　）。

A. 初锥（头攻）、底锥（二攻）和中锥（三攻）

B. 初锥（头攻）、中锥（二攻）和底锥（三攻）

C．中锥（头攻）、初锥（二攻）和底锥（三攻）

2．攻钢件和塑性较大的材料时，v_c=（　　）m/min。

A．2 ~ 4　　B．4 ~ 6　　C．6 ~ 9　　D．3 ~ 4

任务七　车梯形螺纹

一、填空题（将正确答案填写在横线上）

1．梯形螺纹是应用广泛的________螺纹，分米制和英制两种。我国常采用的米制梯形螺纹的牙型角为________。

2．高速钢梯形外螺纹粗车刀的刀尖角应略小于螺纹牙型角________，刀头宽度应________牙槽底宽。

3．在刃磨和装夹梯形螺纹车刀时，常用________检查和找正车刀刃磨的角度和装夹位置。

4．低速车削梯形螺纹的进刀方法有________、________和________，其中________和________适用于车削 $P \leqslant 8$ mm 的梯形螺纹。

5．一般螺纹的牙型角可以用____________或____________来检测，梯形螺纹和锯齿形螺纹可以用________________来测量。

二、判断题（正确的打√，错误的打 ×）

1．用三针法测量螺纹中径是一种比较精密的测量方法。三角形螺纹、梯形螺纹、锯齿形螺纹的中径和蜗杆的分度圆直径均可采用三针法测量。（　　）

2．单针测量螺纹中径比三针测量精度低。（　　）

3．梯形螺纹是国家标准的螺纹。（　　）

4．锯齿形内外螺纹配合时小径之间有间隙，大径之间没有间隙。（　　）

5．锯齿形螺纹能承受较大的单向压力，通常用于起重和压力机械设备中。（　　）

6．锯齿形螺纹的牙型角分别是 3°、29°。（　　）

7．锯齿形螺纹的内螺纹大径和外螺纹大径都代表锯齿形螺纹的公称直径。（　　）

8．锯齿形内、外螺纹车刀是一个不等腰梯形，牙型的一侧侧面与轴线垂直面的夹角为 30°，另一侧的夹角为 3°。（　　）

9．采用直进法高速车削梯形螺纹，可采用双圆弧硬质合金梯形螺纹车刀进行粗车、精车。（　　）

10．普通螺纹、矩形螺纹、梯形螺纹和锯齿形螺纹只标中径公差带代号，无顶径公差带代号。（　　）

三、选择题（将正确答案的序号填在括号内）

1．用（　　）测量螺纹中径时，应先量出螺纹大径的实际尺寸 d_0。

A．螺纹千分尺　　B．三针测量法　　C．单针测量法　　D．螺纹量规

2．矩形螺纹的牙型角为（　　）。

A．0°　　B．9°　　C．33°　　D．90°

3．高速钢梯形螺纹粗车刀的刀头宽度应（　　）牙槽底宽。

A．等于　　B．略大于　　C．略小于　　D．大于或等于

4．高速钢梯形螺纹精车刀前端切削刃（　　）参加切削。

A．能　　B．一定要　　C．不能

5．高速钢梯形外螺纹精车刀如磨出带卷屑槽的前角，其刀尖角应（　　）牙型角。

A．小于　　B．大于　　C．等于

6．采用车直槽法车梯形螺纹，粗车刀的刀宽应（　　）牙槽底宽。

A．小于　　B．略小于　　C．等于　　D．大于

7．滚珠丝杠副的传动特点之一是（　　）。

A．只有丝杠是主动件

B．丝杠或螺母都可以作为主动件

C．只有螺母是主动件

四、简答题

1．用三针法和单针法测量中径时，为什么要规定量针直径的最大值和最小值?

2．车削梯形螺纹有哪些方法？

五．计算题

1．车削矩形螺纹 50 mm × 8 mm 的丝杠，求矩形螺纹各基本要素的尺寸。

2．车削 Tr48 × 8 的丝杠和螺母，计算内、外螺纹各基本要素的尺寸和螺纹升角。

3．用三针法测量 Tr42×10–8e 的丝杆，求最佳量针直径 d_D 和千分尺读数值 M。

4．用单针法测量 Tr60×9 的梯形螺纹，量出的梯形螺纹实际外径 d_0=59.93 mm，求单针测量值 A。

六、综合题

请绘出车削 Tr52×9 螺纹的高速钢精车刀的几何形状，并标注尺寸及基本角度。

任务八　车　蜗　杆

一、填空题（将正确答案填写在横线上）

1．蜗杆和蜗轮组成的蜗杆副常用于__________传动机构中，以传递两轴在空间成__________交错的运动。

2．蜗杆一般可分________蜗杆和________蜗杆两种。常见蜗杆的齿形有________蜗杆和________蜗杆两种。

3．车削法向直廓蜗杆应采用________________法。

4．由于蜗杆的导程角比较大，为了改善切削条件和达到垂直刀法的要求，可采用________刀柄。

5．蜗杆的法向齿厚可以用____________进行测量，测量时量爪的测量面必须与齿侧____________，也就是把刻度所在的卡尺平面与蜗杆相交一个蜗杆____________。

二、判断题（正确的打√，错误的打 ×）

1．米制蜗杆的齿形角 α 为 40°。（　　）

2．机械传动中常用的阿基米德蜗杆（即轴向直廓蜗杆）的加工比较简单。（　　）

3．车梯形螺纹比车蜗杆难度大。（　　）

4．在蜗杆齿形角正确的情况下，分度圆直径处的齿厚与齿槽宽度应相等，因此常直接测量齿厚。（　　）

三、选择题（将正确答案的序号填在括号内）

1．蜗杆精车刀两侧刃之间的夹角应为（　　）。

A．30°　　B．20°　　C．40°　　D．14.5°

2．（　　）蜗杆时，必须采用水平装刀法。

A．粗车轴向直廓　　B．精车轴向直廓　　C．粗车法向直廓　　D．精车法向直廓

四、名词解释

1．齿形角

2．轴向直廓蜗杆

3．法向直廓蜗杆

4．水平装刀法

5．垂直装刀法

五、简答题

用齿厚游标卡尺测量蜗杆的法向齿厚时，齿高卡尺调整到什么尺寸？在测量时应注意哪些问题？

六、计算题

车削一米制蜗杆，齿形角 α=20°，分度圆直径 d_1=35.5 mm，轴向模数 m_x=3 mm，头数 z_1=1，求蜗轮的轴向齿距 p_x、全齿高 h、齿顶圆直径 d_a、轴向齿顶宽 S_a 和轴向齿根槽宽 e_f。

模块七　车多线螺纹与多头蜗杆

任务一　车双线梯形螺纹轴

一、填空题（将正确答案填写在横线上）

1．螺纹按螺旋线的线数不同可分为______________和_____________。

2．根据多线螺纹的各螺旋槽在________等距或在________等角度分布的特点，分线方法有________分线法和________分线法两种 。

3．百分表分线法精度________，但百分表移动距离________，主要适用于分线精度要求高、螺距较小的多线螺纹的________加工。

4．用多孔插盘分线，其精度主要取决于____________的等分精度，如果等分精度高，可以用该装置获得更高的____________精度。

5．采用左右切削法精车多线螺纹时，车削每条螺旋槽时车刀的左、右“赶刀量”必须________，以保证多线螺纹的螺距精度。

6．多线螺纹精车时要__________分线，以找正粗车或“赶刀”时所产生的分线误差。

7．如图 7–1 所示的双线梯形螺纹的牙型角为____________，中径是____________，小径是____________，表面粗糙度值 Ra 是____________。

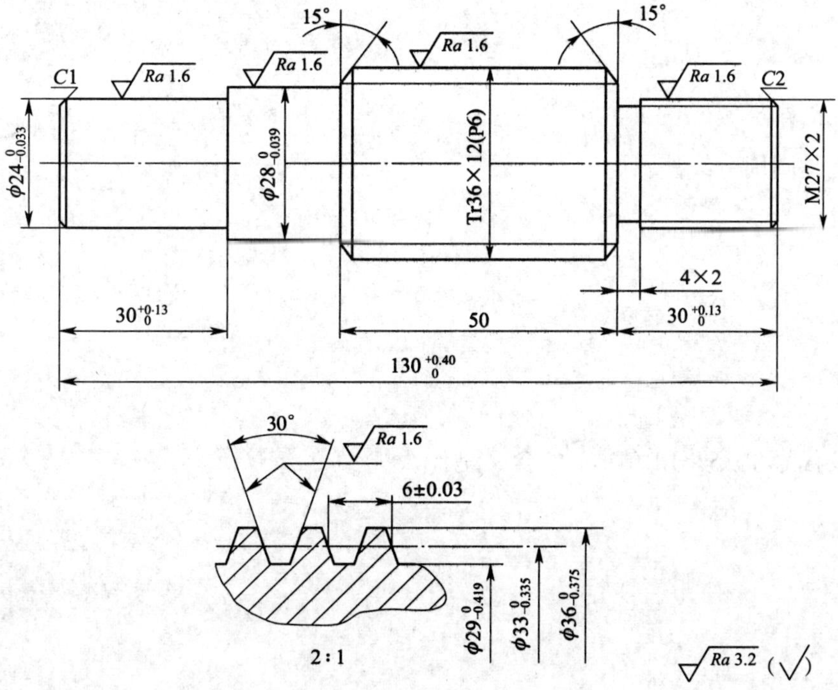

15°　15°　Ra 1.6　Ra 1.6　Ra 1.6　Ra 1.6　Ra 1.6　C1　C2
$\phi24^{\ 0}_{-0.033}$　$\phi28^{\ 0}_{-0.039}$　Tr36×12(P6)　M27×2
4×2　$30^{+0.13}_{\ 0}$　50　$30^{+0.13}_{\ 0}$　$130^{+0.40}_{\ 0}$
30°　6±0.03　$\phi29^{\ 0}_{-0.419}$　$\phi33^{\ 0}_{-0.335}$　$\phi36^{\ 0}_{-0.375}$
2∶1　Ra 3.2 (√)

图 7–1

二、判断题（正确的打√，错误的打 ×）

1．单线螺纹只标注螺距，多线梯形螺纹同时标注导程和线数。（　）

2．利用小滑板刻度分线比较简便，无需其他辅助工具但分线精度不高，一般用于大批量多线螺纹的粗车。（　）

3．当多线螺纹的导程为车床丝杠螺距的整数倍，且其倍数又等于线数时，可利用交换齿轮分线。（　）

4．用左右切削法车削多线螺纹，螺纹车刀的左右移动量应相等。（　）

5．多线螺纹的导程大，车削时纵向进给速度快，要注意防止撞车，进刀和退刀时要防止车刀与工件、卡盘、尾座相碰。（　）

三、选择题（将正确答案的序号填在括号内）

1．可利用三爪自定心卡盘对________螺纹进行分线。

A．双线　　B．三线　　C．四线　　D．五线

2．多孔插盘上等分 12 个定位插孔时，可以用于对________线的多线螺纹进行分线。

A．2、3、4、8　　B．2、4、6、8　　C．2、3、5、8　　D．2、3、4、6

3．最简便的分线方法是用________分线法。

A．小滑板　　B．百分表和量块　　C．交换齿轮　　D．分度插盘

E．卡盘卡爪

四、简答题

1．什么是轴向分线法？

2．什么是圆周分线法？

3．螺纹代号 Tr36×12（P6）的含义是什么？

4．多线螺纹的轴向和圆周分线各有哪些具体方法？

5．多线螺纹的导程与螺距的关系是怎样的？

6．试写出如图 7–2 所示工件的加工工艺步骤。

毛坯尺寸：ϕ40 mm × 137 mm　　材料：45 钢　　数量：单件

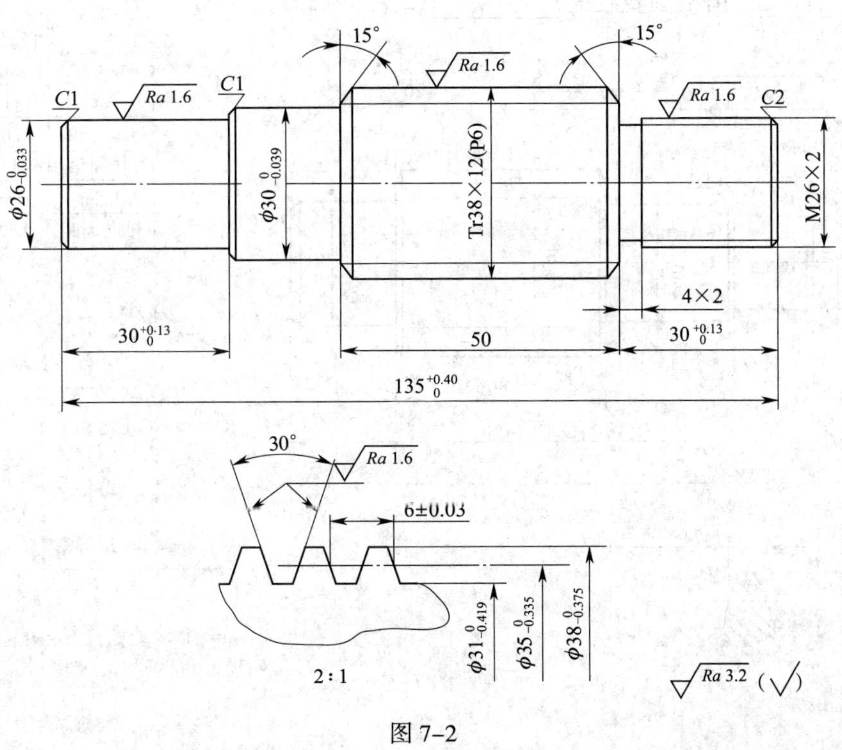

图 7–2

任务二　车双头蜗杆

一、填空题（将正确答案填写在横线上）

1．双头蜗杆的导程大，导程角也大，刃磨蜗杆车刀两侧后角时应注意加、减一个________。

2．通常蜗杆齿侧的表面粗糙度值要求小，要求用油石对蜗杆精车刀精细研磨，切削刃应________、________和光洁。

3．车双头蜗杆时，要注意工件的装夹刚度，一夹一顶装夹时，夹持部位的直径要尽量大，并尽量利用台阶进行________限位，以防止工件打滑或沿轴向产生位移。

4．车蜗杆时，工件的悬伸长度应尽量________，以提高工件的装夹刚度，但应留有足够的退刀位以防止产生________。

5．如图 7–3 所示的工件，轴向模数为________，分度圆直径是________，齿顶圆直径是________，齿根圆直径是________，法向齿厚是________。

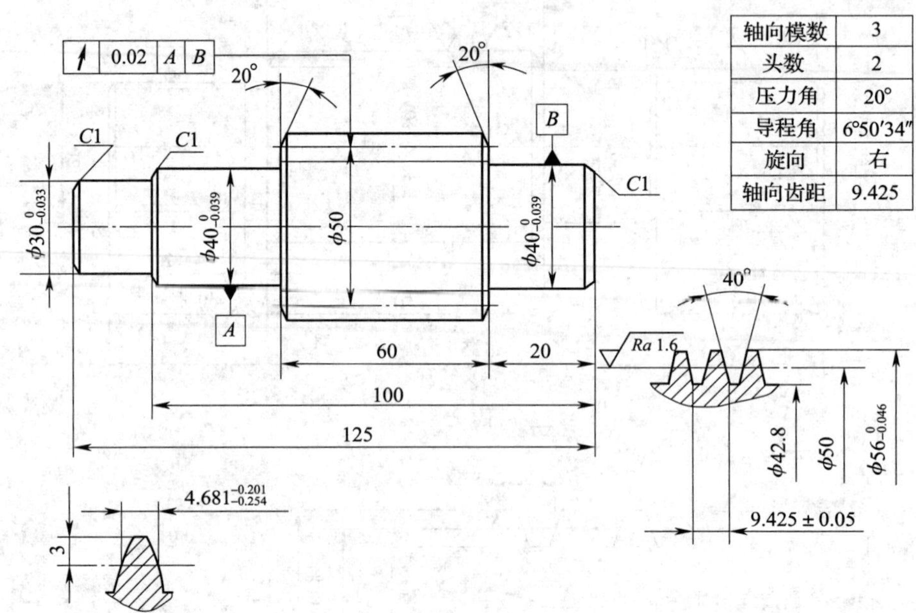

图 7–3

二、综合题

试写出如图 7–4 所示工件的加工工艺步骤。

毛坯尺寸：ϕ50 mm × 125 mm　　材料：45 钢　　数量：单件

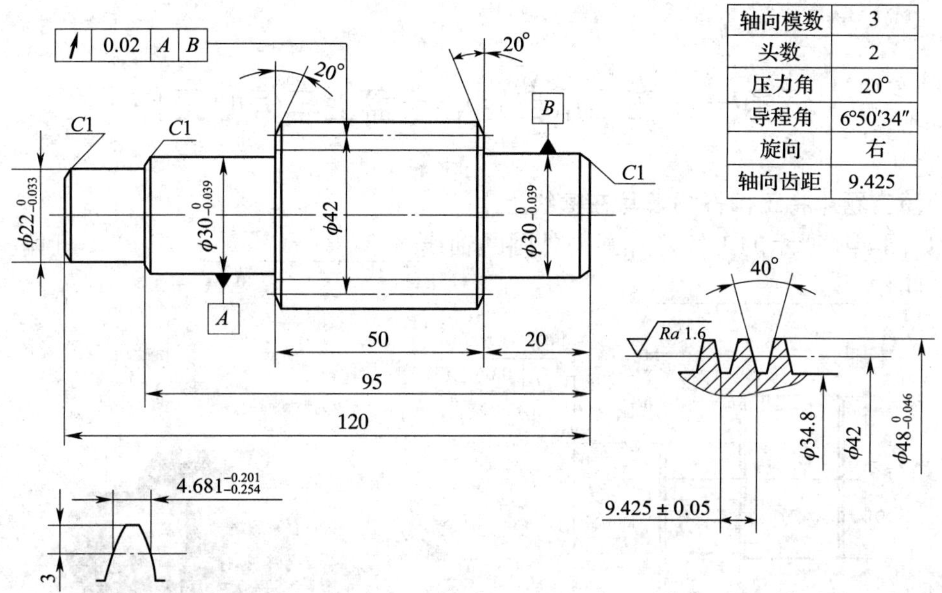

图 7–4

模块八 车偏心工件与曲轴

任务一 在三爪自定心卡盘上车偏心工件

一、填空题（将正确答案填写在横线上）

1．如图 8-1 所示的工件是外圆与外圆的轴线______________________且偏一个距离的工件，叫作______________。

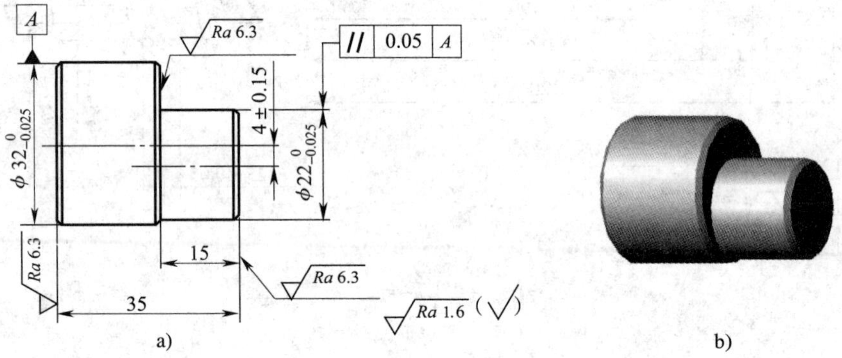

a)

b)

图 8-1

2．内孔与外圆的轴线平行而不重合的工件叫作______________。

3．偏心轴和偏心套统称为_________。偏心工件两轴线之间的距离称为_________，用__________表示。

4．在机械传动中，通常用___________零件来实现回转运动与往复直线运动的转变。

5．在三爪自定心卡盘上车削偏心工件的关键是______________________的确定。

二、判断题（正确的打√，错误的打 ×）

1．三爪自定心卡盘适用于装夹车削偏心距精度不高、长度较短、形状较简单，加工数量不多且偏心距 $e \leqslant 6$ mm 的偏心工件。（　　）

2．用分度值为 0.02 mm 的游标卡尺（或游标深度尺）检测两外圆间的最大距离和最小距离，其差值即为偏心距 e。（　　）

3．用百分表检测偏心距时，将百分表触头与工件基准外圆接触，使工件缓慢转半圈，百分表读数的最大值与最小值之差的一半即为偏心距。（　　）

4．无中心孔或长度较短、偏心距 $e<5$ mm 的偏心工件可在 V 形架上检测偏心距。（　　）

5．偏心距较大（$e \geqslant 5$ mm）的工件因受到百分表测量范围的限制，或无中心孔的偏心工件，可采用间接测量偏心距的方法。（　　）

6．在开始车偏心工件时，车刀应该远离工件后再启动主轴。（　　）

三、选择题（将正确答案的序号填在括号内）

1．用百分表校正偏心距，将百分表触头与工件基准外圆接触，使工件缓慢转一周，百分表读数的最大值与最小值之差为________。

A．e　　B．$2e$　　C．$\frac{1}{2}e$　　D．$4e$

2．车偏心工件由于是断续切削，且加工余量相差较大，会产生一定的冲击和振动。因此，应选取________刃倾角车刀。

A．正值　　B．零度　　C．负值　　D．任意值

四、简答题

1．车削偏心工件的基本原理是什么？

2．车削偏心距 e=2 mm 的工件，若实测偏心距为 2.04 mm，试用近似公式计算垫片厚度 X。

3．试写出如图 8-2 所示偏心零件的加工工艺步骤。

毛坯尺寸：ϕ35mm × 40mm　　材料：45 钢　　数量：单件

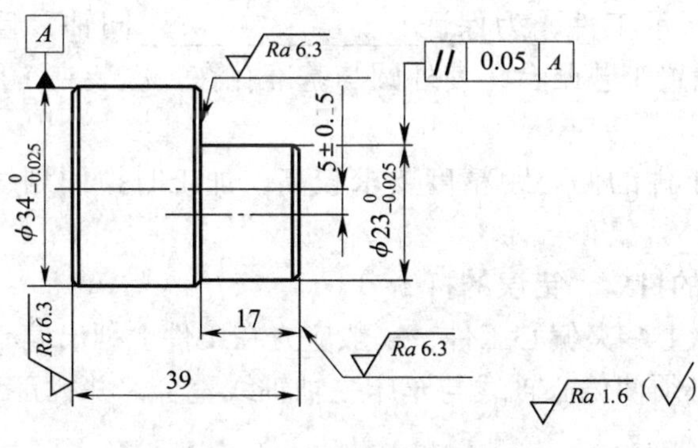

图 8-2

任务二　在四爪单动卡盘上车偏心工件

一、填空题（将正确答案填写在横线上）

1．如图 8–3 所示工件为一偏心套，其基准是____________、深度为____________的台阶孔，8 级精度（F8），表面粗糙度值 *Ra* 为____________。

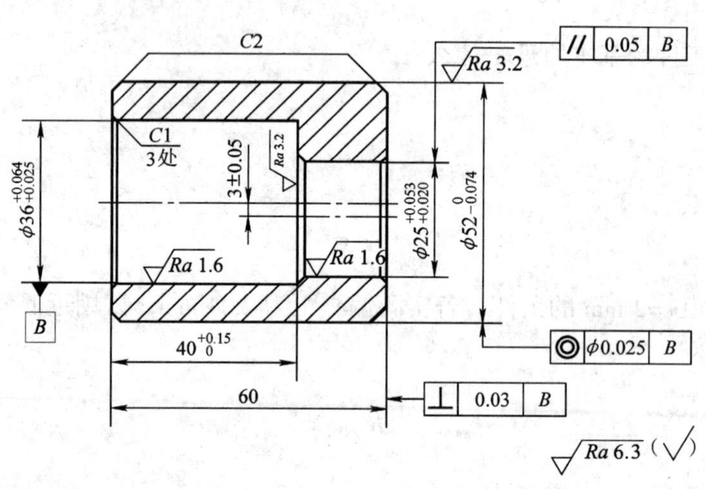

图 8–3

2．如图 8–3 所示工件 ϕ52 mm 外圆对基准孔的同轴度公差为____________，右端面对基准孔轴线的垂直度公差为________。

3．如图 8–3 所示工件的偏心孔为________，8 级精度（F8），表面粗糙度值 *Ra* 为 1.6 μm，对基准孔的偏心距______________，两孔轴线的平行度公差为______________。

4．加工如图 8–3 所示工件，为保证________________同轴，且外圆表面光整无接刀（用作划线基准），应设置工艺凸台，使外圆与基准孔在一次装夹（用三爪自定心卡盘）中完成加工。

5．如图 8–3 所示工件的偏心距精度要求较高，加工时拟用划线盘按划线位置初步找正，再用_______________。

二、判断题（正确的打√，错误的打 ×）

1．在四爪单动卡盘上装夹偏心工件，一般应先在工件上划出偏心轴线的位置。（　　）

2．装夹工件时，必须使偏心轴线与车床主轴轴线重合，并找正工件侧素线与车床主轴轴线垂直。（　　）

3．钟表式百分表测杆垂直于基准轴（在最低点处应有一定的压表量）上，用手缓慢转动卡盘一周，找正偏心距，百分表在工件转过一周中，其读数最大值与最小值之差的一半即为偏心距。（　　）

4．划线平台表面与划线尺底座平面应光洁无毛刺，可薄薄地涂上机油，以减小划线尺移动时与平台表面的摩擦阻力。（　　）

5．按划线找正工件前，先移动尾座用后顶尖靠近工件端面，检查顶尖是否对准偏心圆中心，再根据实际情况找正后移去尾座，可大大缩短找正时间。 （ ）

6．划线用显示剂应有良好的附着性，显示剂应匀而薄地涂在工件上。 （ ）

三、选择题（将正确答案的序号填在括号内）

1．对于（ ）、不便于在两顶尖装夹或形状比较复杂的偏心工件，可以用四爪单动卡盘装夹车削。

A．数量少　　B．偏心距小　　C．长度较短　　D．以上都是

2．由于存在划线找正误差，按划线找正偏心工件的方法仅适用于加工（ ）的偏心工件。

A．精度要求不高　　B．精度要求较高

3．样冲尖应仔细刃磨，防止产生较大的偏心误差；偏心圆周上的样冲眼一般应均匀地打上（ ）个即可。

A．4　　B．3　　C．2　　D．1

4．通过检测，若偏心距误差（ ），可少量调整不对称位置的两个卡爪。若偏心距误差（ ），则仅需继续夹紧卡爪即可。

A．较大　较大　　B．较小　较大　　C．较大　较小　　D．较小　较小

四、简答题

试写出如图 8–4 所示零件的加工工艺步骤。

毛坯尺寸：ϕ55 mm × 80 mm　　材料：45 钢　　数量：单件

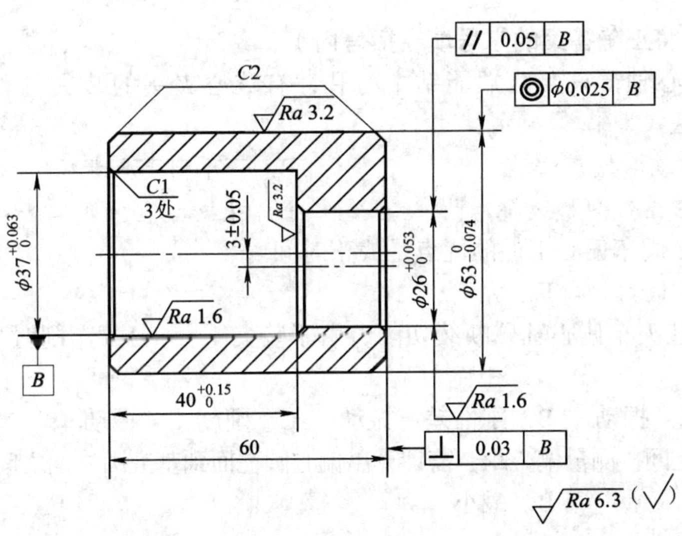

图 8–4

任务三　用两顶尖装夹车偏心工件

一、填空题（将正确答案填写在横线上）

1. 单件小批量生产精度要求不高的偏心轴，其偏心中心孔可划线后在________上钻出。

2. 偏心距较小的偏心轴，偏心中心孔与基准中心孔可能部分重叠，此时可将工件的长度加长______________________，即：$L=l+2h$。

3. 偏心距________（$e \geqslant 5$ mm）的偏心工件，受百分表测量范围的限制，不能直接测出偏心距，可用间接测量法检测。

二、判断题（正确的打√，错误的打 ×）

1. 对于较长的偏心轴，只要两端能钻中心孔，且有装夹鸡心夹头的位置，必须使用两顶尖装夹进行车削。（　　）

2. 成批生产，偏心中心孔可在专门的中心孔钻床或偏心夹具上钻出。（　　）

3. 在两顶尖间间接测量偏心距，在可调量规平面上放置量块（组），用百分表测定，使量块的高度与偏心圆柱的最高点等高，量块高度即为偏心距。（　　）

4. 顶尖与中心孔接触的松紧程度要适当，且在加工中要注意加注润滑油，以减少磨损。（　　）

三、选择题（将正确答案的序号填在括号内）

1. 一般的偏心轴，只要两端能钻中心孔，有鸡心夹头的装夹位置，都应尽量采用（　　）装夹的方法。

A．四爪单动卡盘　　B．三爪自定心卡盘
C．两顶尖　　D．花盘

2. 在两顶尖之间车偏心工件的优点是找正时间（　　）。

A．多　　B．少

3. 用两顶尖装夹车偏心轴属断续切削，由于装夹（　　），车削时易产生较大的冲击和（　　）。

A．强度差　振动　　B．刚性差　振动　　C．硬度差　振动

4. 在 V 形架上间接测量偏心距，需计算出偏心圆柱面到基准圆柱面之间的（　　）距离。

A．最大　　B．最小

四、简答题

检测偏心距较大的偏心工件的方法有哪些？

任务四　车单拐曲轴

一、填空题（将正确答案填写在横线上）

1．主轴颈轴线与曲柄颈轴线间的距离即为________________。

2．根据曲柄颈数（拐数）的不同，曲柄颈可以互成________、________、________等夹角。

3．车削曲轴主要是车削__________和__________。其加工特点是刚度低，受机床转矩和切削力的影响，曲轴易发生弯曲变形和__________。

4．装夹偏心距较大曲轴时，应该安装平衡块，并考虑其质量的大小及安装位置，使曲轴转动时产生的惯性力和惯性力偶得以平衡，减少__________的影响。

5．曲轴刚度低，除采用粗车、半精车以减小因加工余量大、断续切削等引起的冲击、振动对曲轴变形的影响外，车削时，为提高曲轴刚度，防止变形，应在曲柄颈对面的空当处用__________________支撑。

二、判断题（正确的打√，错误的打 ×）

1．曲轴属偏心工件，广泛应用于压力机、压缩机和内燃机等。（　　）

2．简单曲轴包括单拐和两拐曲轴，两拐以上的曲轴称为多拐曲轴。（　　）

3．曲轴毛坯一般用锻件，也可采用球墨铸铁铸件。（　　）

4．车削曲轴时不必考虑曲轴的装夹刚度。（　　）

5．曲轴的轴颈与轴肩的连接圆角应光洁、圆滑，不准有压痕、凹沟和磕碰、拉毛、划伤等现象，以防应力集中而留下隐患。（　　）

6．加工曲轴时顶尖因受力不均匀，前顶尖容易损坏或移位，必须经常检查。（　　）

三、选择题（将正确答案的序号填在括号内）

1．根据曲轴（　　）（也称连杆轴颈）的多少，曲轴有单拐、两拐、四拐、六拐和八拐等结构形式。

A．曲柄颈　　B．主轴颈

C．曲柄臂　　D．轴肩

2．对于偏心距较大的曲轴，应选择刚度高、抗振性强、重心低的车床，而且车床各部分间隙应调得小一些，以提高其（　　）。

A．刚度　　B．硬度

C．强度　　D．以上都是

3．曲轴毛坯应进行适当的热处理，以改善其力学性能，提高其（　　）。

A．强度　　B．硬度

C．强度和耐磨性　　D．耐磨性

四、简答题

请分别指出图 8–5 中的主轴颈、曲柄颈、曲柄。

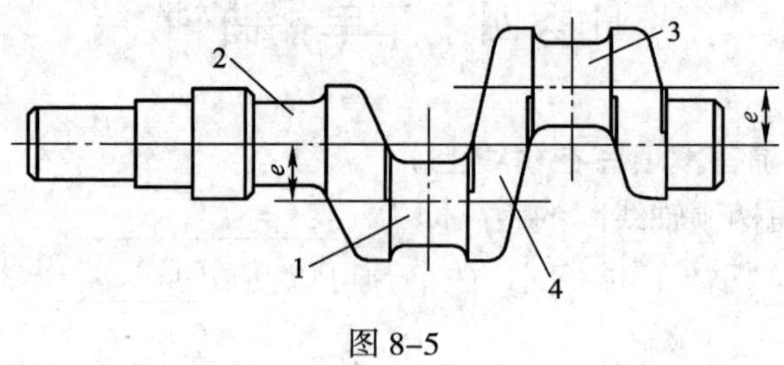

图 8–5

任务五　车双拐曲轴

一、填空题（将正确答案填写在横线上）

1. 当曲轴的直径较大而偏心距较小，且有条件在端面钻出主轴颈中心孔及曲柄颈中心孔时，可采用＿＿＿＿＿＿＿或两顶尖装夹加工。

2. 用偏心卡盘装夹曲轴，偏心卡盘主要由＿＿＿＿＿＿＿和偏心卡盘体组成。

3. 为了克服加工时旋转的不平衡现象，在花盘上可配装＿＿＿＿＿＿＿。

4. 常用的三种曲轴车刀是＿＿＿＿＿＿＿、＿＿＿＿＿＿＿、＿＿＿＿＿＿＿。

5. 如图 8–6 所示为带鱼肚形加强肋的车刀，它既能保证曲轴旋转时不与刀架＿＿＿＿＿＿＿，又提高了车刀伸出部分的＿＿＿＿＿＿＿。

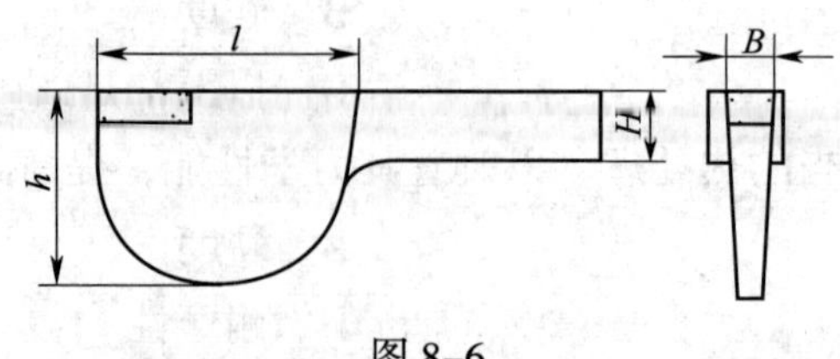

图 8–6

二、判断题（正确的打√，错误的打 ×）

1. 偏心夹板上加工有分度准确的中心孔，使用偏心夹板时须先进行校正，以确定偏心夹板与工件的绝对位置。（　　）

2. 在加工批量较大的曲轴时，可用专用偏心夹具装夹曲轴。（　　）

3. 车削偏心距较大的曲轴时，车刀伸出较长，刚度较低，因此应使用专用的曲轴车刀。（　　）

4. 安排粗车曲轴各轴颈的先后顺序时，主要应考虑生产效率。（　　）

5. 安排精车曲轴各轴颈的先后顺序时，主要应考虑车削过程中曲轴的变形对加工精度的影响。（　　）

6. 精车曲轴时，一般应先精车在加工中最不容易引起变形的轴颈。（　　）

三、选择题（将正确答案的序号填在括号内）

1. 车削曲轴时，常用的装夹方法有（　　）。

A. 一夹一顶、两顶尖　　B. 偏心夹板

C. 偏心卡盘或专用偏心夹具　　D. 以上都可

2. 使用偏心夹板在两顶尖间装夹曲轴有各种不同形式，可根据（　　）夹角的大小选用。

A. 主轴颈　　B. 曲柄颈　　C. 曲柄臂　　D. 轴肩

3. 如图 8–7 所示为使用高度游标尺校正曲轴，图中编号（　　）为偏心夹板。

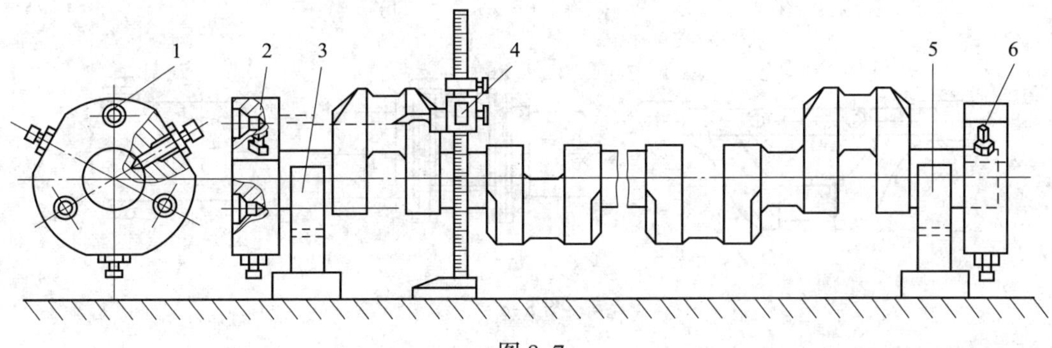

图 8–7

A. 1　　B. 3、5　　C. 2、6　　D. 4

任务六　车四拐曲轴

一、填空题（将正确答案填写在横线上）

1. 多拐曲轴的刚度低，车削时很容易产生________和振动。因此，加工时常在曲柄颈和主轴颈之间安装________________，以提高曲轴的加工刚度。

2. 当两曲柄臂间距较小时，可在曲柄臂间的空隙部分浇注石膏，使加工时________________。

3. 若工作现场没有合适的支撑工具或曲柄臂之间的距离太大时，可用________支撑。

4．曲柄颈夹角的检测方法有＿＿＿＿＿＿、＿＿＿＿＿＿和＿＿＿＿＿＿。

5．如果工作现场没有光学分度头或精密分度板，可利用＿＿＿＿＿＿的方法进行测量。

二、判断题（正确的打√，错误的打 ×）

1．当两曲柄臂间距不大时，可在不加工的曲柄颈和主轴颈之间用螺钉、螺母支撑，以提高曲轴刚度。（　　）

2．当两曲轴轴颈间内侧面为斜面、圆弧面时，可用压板夹紧。（　　）

3．普通分度头转角误差较大，检测精度要求高的曲轴时，可用普通分度头。（　　）

4．划线时应将工件、平板及高度游标尺的底面擦干净，以减少划线误差。所划的线条应清晰、准确。（　　）

三、选择题（将正确答案的序号填在括号内）

1．如图 8–8 所示，属于浇注石膏支撑的是（　　）。

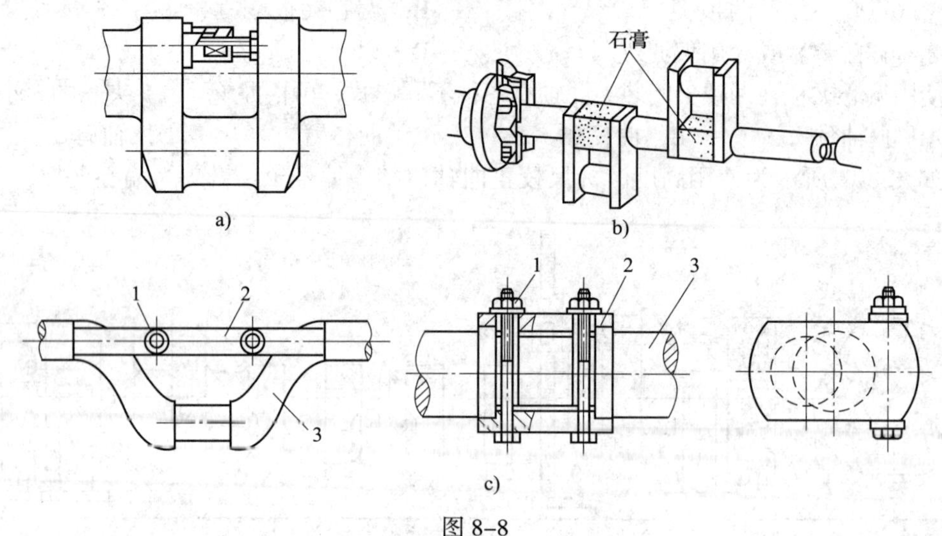

图 8–8

A．a）　　B．b）　　C．c）

2．如图 8–9 所示为曲轴偏心距的检测示意图，偏心距的计算公式是（　　）。

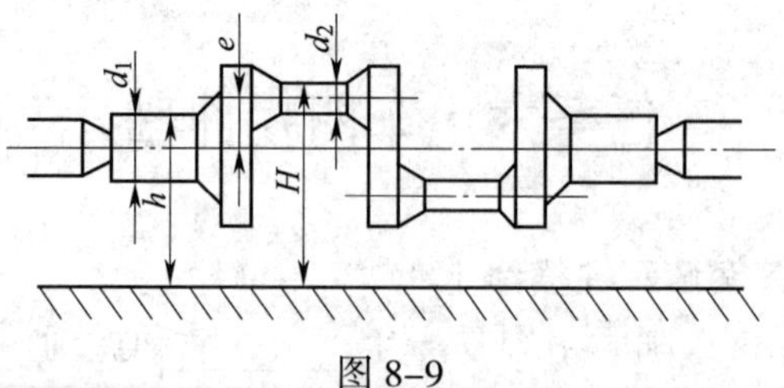

图 8–9

A．$e=H-h+d_1-d_2$　　B．$e=H-h+(d_1-d_2)/2$

C．$e=H-h+d_1+d_2$　　D．$e=H-h+(d_1+d_2)/2$

3．测量曲柄颈的轴向位置时，均以（　　）面为测量基准，以减小累积误差。

A．右端　　B．中间　　C．左端

四、简答题

增加多拐曲轴装夹刚度的常用方法有哪些？

五、计算题

有一 120° 等分的三拐曲轴，其主轴颈直径为 75 mm，曲柄颈直径为 70 mm，曲柄颈偏心距为 60 mm，现测得主轴颈在 V 形架上顶点高度为 175 mm，试求垫块的高度。

模块九　车削复杂工件

任务一　车削十字孔工件

一、填空题（将正确答案填写在横线上）

1. 复杂工件是指__________和__________的工件，或__________、加工难度大的工件。

2. 常见的复杂工件有：__________、__________、__________、__________、__________、曲轴和环首螺钉等。

二、判断题（正确的打√，错误的打 ×）

1. 用四爪单动卡盘装夹找正，不能车削位置精度及尺寸精度要求高的工件。（　　）

2. 用百分表检查偏心轴时，应防止偏心外圆突然撞击百分表。（　　）

3. 用四爪单动卡盘装夹找正偏心工件时，一般先用划线盘初步找正，再用百分表找正。（　　）

三、选择题（将正确答案的序号填在括号内）

工件已加工表面在四爪单动卡盘上装夹时应在夹紧处垫上（　　），以免把工件表面夹伤。

A. 纸片　　B. 铜片　　C. 木片　　D. 铁片

四、简答题

简述如图 9-1 所示十字孔工件位置精度的检测项目和方法。

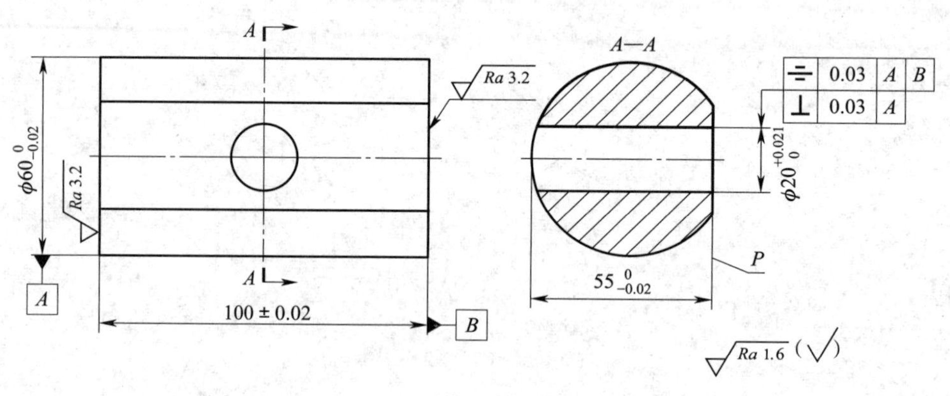

图 9-1

任务二　车削双孔连杆

一、填空题（将正确答案填写在横线上）

1．对于复杂工件，由于在三爪自定心卡盘和四爪单动卡盘上无法或不方便装夹，通常需要用相应的＿＿＿＿＿或＿＿＿＿＿来装夹。常用的车床附件有：＿＿＿＿＿、＿＿＿＿＿、＿＿＿＿＿、＿＿＿＿＿、压板、平垫铁、平衡铁。

2．花盘的材料为铸铁，盘面上分布长短不同呈辐射状的通槽（或T形槽），用于安装各种＿＿＿＿＿，以配合工件的装夹。

3．V形架的工作面是一条V形槽，其夹角有＿＿＿＿和＿＿＿＿两种。

4．方头螺栓头部为方形，以防止安装到花盘上的T形槽中产生＿＿＿＿，其长度可根据装夹要求做成长短不同的尺寸。

5．平垫铁安装在花盘、角铁等夹具上，常作为工件的＿＿＿＿和＿＿＿＿。

6．对于被加工表面的回转轴线与基准面＿＿＿＿的复杂工件，如支撑座、双孔连杆等，可以在花盘上车削。

二、判断题（正确的打√，错误的打 ×）

1．车床的常用附件有三爪自定心卡盘、四爪单动卡盘、花盘、心轴及顶尖等。（　　）

2．在花盘上加工工件时，花盘平面只允许凹，一般在0.02 mm以内。（　　）

3．在花盘上加工双孔连杆时，工件装夹的关键是保证两孔的中心距精度，应多测几次，取其平均值。（　　）

4．在花盘上加工工件时，为了使复杂工件获得较好的表面质量，转速必须选得较高。（　　）

5．在花盘上加工双孔连杆时，压板螺钉应远离工件安装。（　　）

三、选择题（将正确答案的序号填在括号内）

1．花盘可直接安装在车床主轴上。因为工件是安装在花盘上加工的，因此，要求花盘本身的几何误差小于工件相关公差的（　　）。

A．1/4 ~ 1/3　　B．1/3 ~ 1/2　　C．1/5 ~ 1/4　　D．1/6 ~ 1/5

2．V形铁用于安装以（　　）为定位基面的工件。

A．外圆柱面　　B．内圆柱面　　C．内锥面　　D．外锥面

3．花盘可以直接安装在车床主轴上，其盘面必须与主轴轴线（　　）。

A．垂直　　B．平行　　C．倾斜　　D．以上都可以

4．检测双孔连杆平行度误差时，必须将工件连同测量心轴一起转过（　　），重复测量与计算一次。

A．180°　　B．90°　　C．360°　　D．270°

5．在车床上使用花盘时，由于工件偏向一边，必须在花盘上的适当位置安装（　　）。

A．压板　　B．V形铁　　C．平衡铁　　D．角铁

四、简答题

简述如图 9–2 所示双孔连杆位置精度的检测方法。

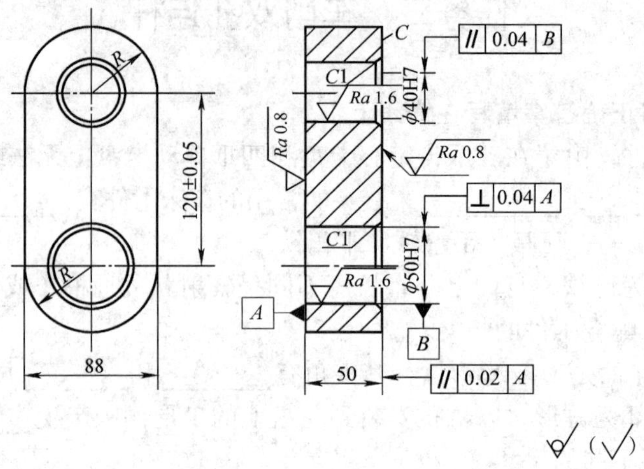

图 9–2

任务三　车削轴承座

一、填空题（将正确答案填写在横线上）

1．角铁通常与________配合使用，常见的角铁有________和________两种。

2．在花盘上安装角铁时，为保证角铁稳固可靠，可在角铁的下方或侧面装夹一____________。

3．轴承座的底平面通常是作为________________的，因此通常要先加工好。

4．轴承座车削的主要技术要求是：孔轴线与底平面必须________，以及孔轴线对底平面的________精度要求。

二、判断题（正确的打√，错误的打 ×）

1．角铁在花盘上安装前应在床身导轨上垫上木板，以保护床面。（　　）

2．在四爪单动卡盘上车削轴承座时，不需要进行平衡。（　　）

三、选择题（将正确答案的序号填在括号内）

1．用划针找正图 9–3 中轴承座水平轴线时，要反复旋转（　　），使划针尖均处于水平轴线上为止。

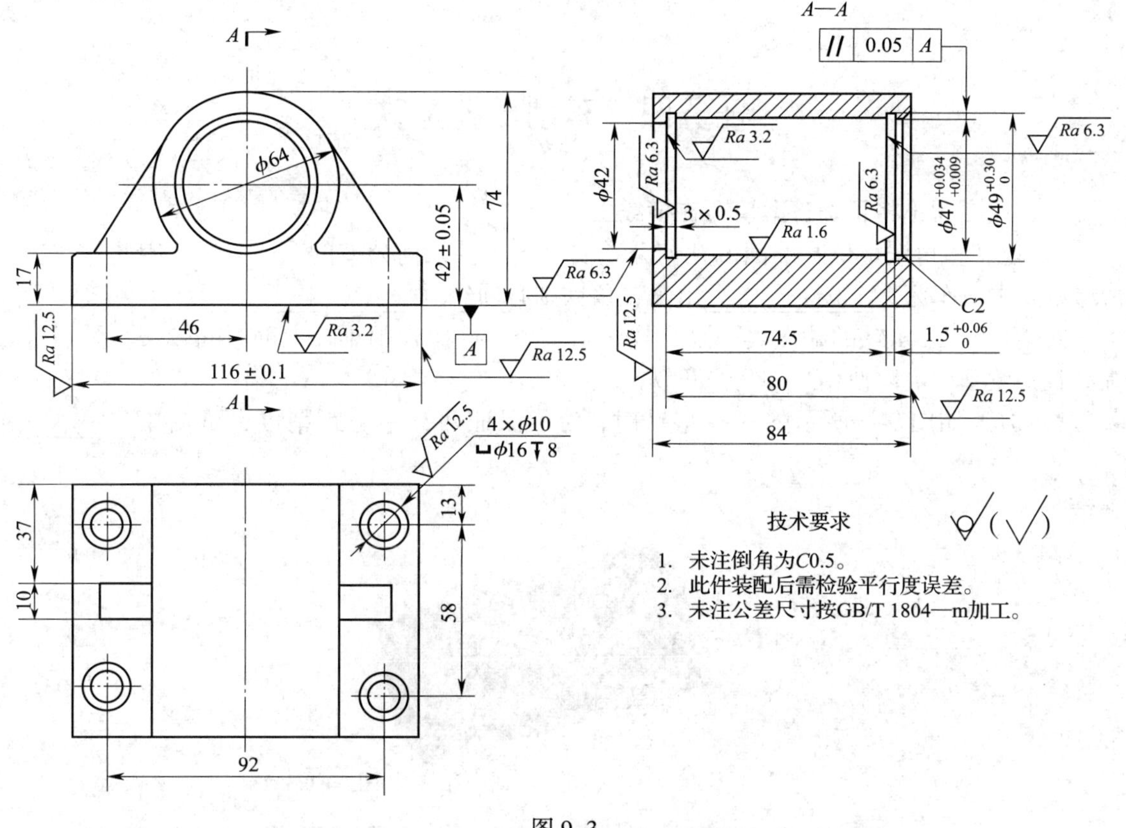

图 9–3

A．90°　　B．180°　　C．360°　　D．270°

2．用百分表检查角铁工作面与主轴轴线的平行度误差：将百分表支座放置在中滑板或床鞍上，使百分表测头垂直接触角铁工作面。然后缓慢移动床鞍，观察百分表的读数，其（　　）为平行度误差。

A．最大值与最小值的平均值　　B．最大值

C．最大值与最小值之差　　D．最小值

四、简答题

如何调整平衡铁？

任务四　车削三孔垫铁

一、填空题（将正确答案填写在横线上）

1. 花盘和角铁定位基准面的几何公差要小于工件几何公差的________。因此，花盘盘面最好在本身车床上____________出来，角铁则必须经过________________。

2. ________角铁的缺点之一是，找正第一个工件比较困难，辅助时间较长。为了有效提高找正效率，可以使用________角铁。

3. 加工如图 9–4 所示的三孔垫铁时，为了保证两孔中心距精度，可使用________和________找正。

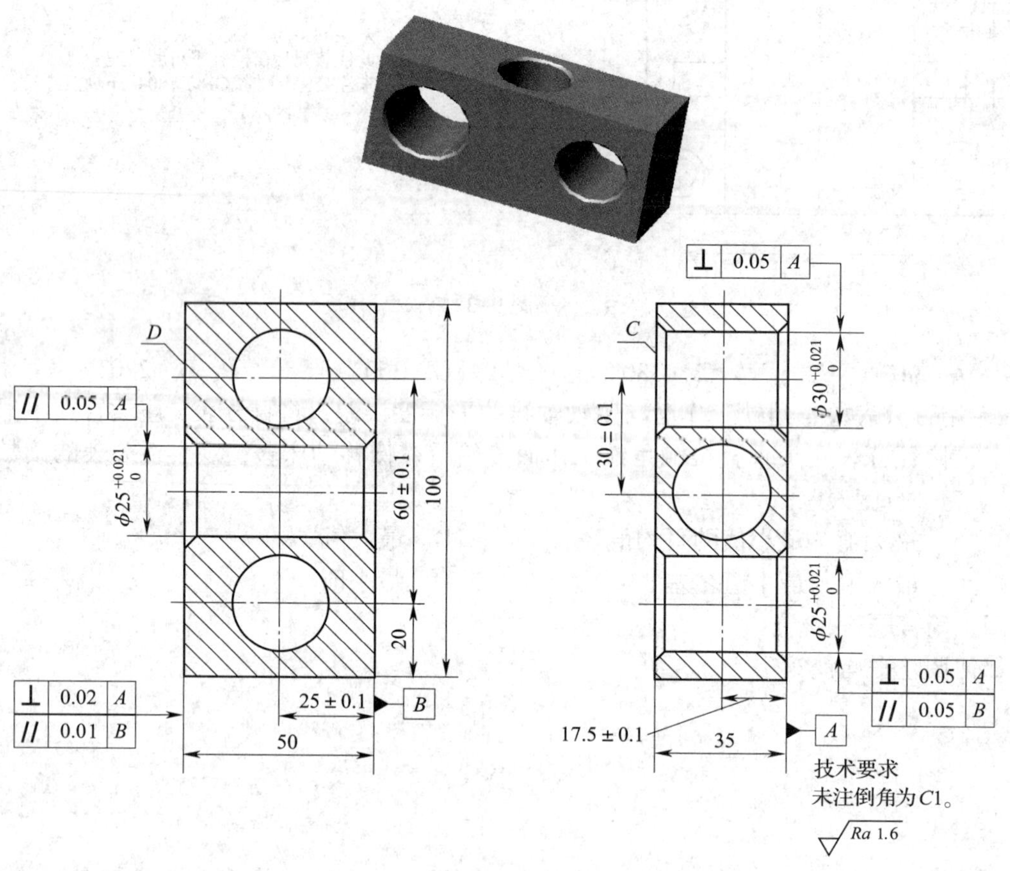

图 9–4

二、判断题（正确的打√，错误的打 ×）

1. 可调角铁使用方便，刚度高，适宜在维修、工具等车间对单件、小批量的小型复杂工件加工。（　　）

2. 在花盘、角铁上装夹好工件后，无须经过平衡。（　　）

3．花盘上的角铁回转半径大、棱角多，容易产生碰撞现象，车削前应认真检查。（　　）

三、选择题（将正确答案的序号填在括号内）

1．（　　）角铁体积小、质量轻、惯性小，加工时主轴转速可选择较高，以利于提高生产率。

A．可调　　B．微型　　C．普通

2．微型角铁只适用于装夹（　　）的复杂工件。

A．较大　　B．中等大小　　C．较小　　D．以上都可以

四、简答题

微型角铁的特点有哪些？其应用场合有哪些？

任务五　车削齿轮减速箱体

一、填空题（将正确答案填写在横线上）

1．箱体零件在通用机床上的找正，常采用________方法。

2．在通用机床上加工两同轴孔时，一般在已加工过的孔内装入一个________，支撑和引导圆杆体车刀加工后壁上的孔，以保证两孔的同轴度要求。

二、判断题（正确的打√，错误的打 ×）

1．箱体加工多以底平面为定位基准，采用“基准统一”的原则。（　　）

2．箱体加工顺序的安排原则是先粗后精，先主后次，先孔后面。（　　）

3．用外角铁定位装夹时，如果偏重太大无法配重，可采用带圆孔的内角铁。（　　）

4．两平行孔也可用划线找正方法加工，适用于孔距位置精度要求较高的工件。（　　）

5．加工箱体零件时，应选择装配基准面为精基准。（　　）

三、选择题（将正确答案的序号填在括号内）

1．如图 9–5 所示为齿轮减速箱体，轴承孔的相互位置精度主要有孔的中心距、（　　）、（　　）、（　　）和（　　）。

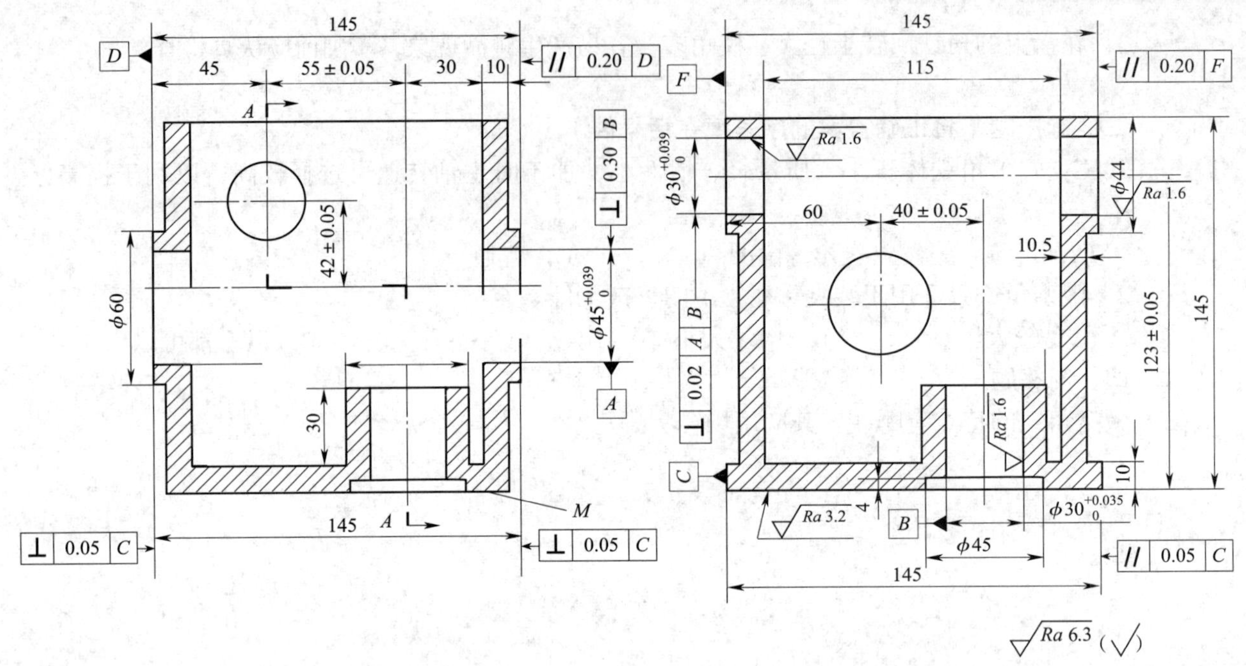

图 9–5

A．轴线的平行度　　B．同轴线轴承孔的同轴度

C．轴承孔轴线对装配基准面的平行度　　D．轴承孔轴线对端面的垂直度

2．箱体类零件常采用（　　）作为统一精基准。

A．一面一孔　　B．一面两孔　　C．两面一孔　　D．两面两孔

四、简答题

加工箱体零件时定位基准应该如何选择?

任务六　用中心架支撑车细长轴

一、填空题（将正确答案填写在横线上）

1．细长轴外形并不复杂，但细长轴的________低，车削时受切削力、重力、切削热等因素的影响，容易引起________及________，难以保证加工精度。

2．中心架有________中心架和______________中心架两种。

3．当细长轴可以分段或掉头车削时，中心架支撑在工件________部位。当细长轴中间难以车削支撑部位，或安置中心架处有键槽、花键等不规则表面时，可采用________与中心架配合使用的方法。

4．使用弹性回转顶尖加工细长轴，可有效地补偿工件的________，工件不易产生________，车削可顺利进行。

5．车细长轴时，中心架的支撑爪与工件接触面处应经常加______________。

二、判断题（正确的打√，错误的打 ×）

1．细长轴的长径比越小，加工就越困难。（ ）

2．使用中心架时，要注意支撑爪与工件的接触压力不宜过大。（ ）

3．用硬质合金车刀高速车削细长轴时，不用浇注充分的切削液。（ ）

4．车细长轴时应使用主偏角小的车刀。（ ）

5．由于细长轴刚度差，车削时切削用量应适当减小。（ ）

6．为防止车细长轴时产生锥度，车削细长轴前必须调整尾座中心，使之与车床主轴轴线同轴。（ ）

7．用中心架支撑工件车削内孔时，若内孔出现“外大里小”，是由于中心架偏向操作者一方。（ ）

8．在车床上使用中心架时，中心架应安装在车床导轨上。（ ）

三、选择题（将正确答案的序号填在括号内）

1．细长轴的刚度低，车削时受（ ）等因素的影响，容易引起振动及变形。

A．切削力和离心力　　B．切削力、重力、切削热

C．摩擦和自重　　D．自重力和切削力

2．中心架是车床附件之一，常用于增加轴类工件的车削（ ）。

A．强度　　B．刚度　　C．硬度　　D．耐热度

3．中心架支撑在工件中间，这时的 L/d 值减小了一半，车削时工件的（ ）也增加了好几倍。

A．硬度　　B．韧性　　C．刚度　　D．塑性

4．中心架装上后，应逐个调整中心架的三个支撑爪，使三个支撑爪支撑工件的松紧程度（ ）。

A．大一些　　B．小一些　　C．适当

5．车细长轴时，车刀的主偏角宜取 κ_r=（ ）。

A．30° ~ 40°　　B．40° ~ 60°　　C．60° ~ 75°　　D．80° ~ 93°

6．车细长轴时，车刀的刀尖圆弧半径应小于（ ）mm。

A．0.3　　B．0.8　　C．1.2　　D．1.5

7．车细长轴时，车刀的前角宜取（ ）。

A．−10° ~ −5°　　B．2° ~ 10°　　C．10° ~ 15°　　D．15° ~ 30°

8．车细长轴时，车刀的倒棱宽度宜取（ ）mm。

A．$0.2f$　　B．$0.3f$　　C．$0.5f$　　D．$0.6f$

9．车细长轴时，车刀的刃倾角宜取（ ），控制切屑流向待加工表面，也增加车刀的锐利程度。

A．−5° ~ 0°　　B．0° ~ 1°　　C．1° ~ 3°　　D．4° ~ 6°

10．车细长轴时，应使用（ ）性能较好的乳化液。

A．润滑　　B．冷却　　C．清洗　　D．防锈

11．车细长轴时，使用中心架的目的是为了提高工件的（　　）。

A．强度　　B．韧性　　C．刚度　　D．硬度

12．在车床上用两顶尖装夹车削光轴，加工后检测发现呈鼓形（中间大、两头小），其最可能的原因是（　　）。

A．车床主轴刚度不足　　B．两顶尖刚度不足

C．刀架刚度不足　　D．工件刚度不足

四、名词解释

1．细长轴

2．热变形

五、简答题

1．细长轴车削过程中容易出现哪些问题?

2．车削细长轴时使用中心架的方法有哪些?

3．减少细长轴工件的热变形伸长可采取的措施有哪些?

六、计算题

车削直径为 30 mm，长度为 2 000 mm，材料为 45 钢的轴，车削中工件温度由 20℃上升到 40℃，求这根轴的热变形伸长量（45 钢的线膨胀系数 $\alpha_1=11.59\times10^{-6}$/℃）。

任务七　用跟刀架支撑车细长轴

一、填空题（将正确答案填写在横线上）

1．对于直径一致的细长________和________，采用跟刀架支撑能有效提高其加工刚性。

2．跟刀架有____________和____________两种

3．使用跟刀架前，应先检查跟刀架支撑爪是否能正确与工件接触，若有不良接触状态时，必须对支撑爪进行____________。

二、判断题（正确的打√，错误的打 ×）

1．在工件已加工表面上，调整支撑爪与车刀的相对支撑位置，一般是让支撑爪位于车刀的后面，两者轴向距离应大于 10 mm。（　　）

2．车细长轴时，使用三爪跟刀架比两爪跟刀架的效果要好。（　　）

3．车细长轴时，浮动夹紧和反向进给车削，能使工件达到较高的加工精度和较小的表面粗糙度值。（　　）

4．跟刀架支撑爪与工件的接触压力应调整适当，如支撑爪与工件的接触压力过小，会使车出的细长轴产生“竹节”形。（　　）

三、选择题（将正确答案的序号填在括号内）

1．车细长轴时使用（　　）个爪的跟刀架效果较好。

A．1　　B．2　　C．3　　D．4

2．修整跟刀架支撑爪时，应使床鞍进行纵向进给车削支撑爪的支撑面，使支撑面构成的直径（　　）工件支撑处轴颈的直径。

A．大于　　B．小于　　C．基本等于　　D．以上都可以

3．当车到细长轴中间部位时，由于径向力将工件压向车床回转轴线的外侧，容易使工件产生弯曲变形，使背吃刀量逐渐减小，从而易形成（　　）。

A．竹节形　　B．腰鼓形　　C．马鞍形　　D．波纹

四、简答题

使用浮动夹紧和反向进给车削细长轴有哪些好处？

任务八　车中滑板丝杠

一、填空题（将正确答案填写在横线上）

1．细长丝杠车削兼有________和________车削的特征，丝杠的长径比一般为________，甚至更大。

2．丝杠刚性差，易弯曲变形。装夹时应防止工件________；在加工时应减少________；热处理和加工工序间存放要防止工件“________”变形；切削过程中防止梯形螺纹“________”而造成变形。

3．粗车细长丝杠时为提高装夹刚度，宜采用________装夹，精车时为达到丝杠技术要求，采用________装夹。

4．通常精密丝杠的加工工艺路线为：备料→________→________→________→半精车→________→精车。

二、判断题（正确的打√，错误的打 ×）

1．使用硬质合金车刀车削丝杠时，车刀刀尖略低于工件中心，有利于减少“扎刀”现象的发生。（　　）

2．用高速钢车刀低速车削丝杠时，刀尖略低于工件中心有利于减少“扎刀”现象的发生。（　　）

3．精车细长丝杠须选用较大的切削用量。（　　）

4．跟刀架可以跟在车刀后面，也可以使车刀跟在跟刀架后面。（　　）

三、选择题（将正确答案的序号填在括号内）

导程大于 8 mm 的梯形螺纹，通常采用（　　）车削。此时刀具切削刃参加工作的长度最短，切削力较小，排屑方便，有利于切削效率的提高。

A．直进法　　B．直槽法　　C．塞刀式　　D．分层式

四、简答题

简述加工丝杠时的进刀方法。

任务九　车薄壁工件

一、填空题（将正确答案填写在横线上）

1．薄壁工件的刚度很低，在切削力的作用下容易出现变形，变形形式有：__________、__________和__________。

2．由于薄壁工件的刚度低，在径向切削力的作用下容易产生振动，从而影响工件的__________及__________。

3．增大装夹接触面积以减少薄壁工件变形的方法有：应用__________或用特制的____________。

4．车削薄壁工件时，应减小__________，增加进给次数，并适当增大__________。

二、判断题（正确的打√，错误的打 ×）

1．车削薄壁工件时，由于受切削力的作用容易出现振动和变形。（　　）

2．对于线膨胀系数较大的金属材料薄壁工件，应尽量在一次装夹中连续完成半精车和精车。（　　）

3．精车薄壁工件时，为了减小工件表面粗糙度值，车刀的修光刃应修磨得长一些。（　　）

4．车削薄壁工件时，尽量不使用径向夹紧，而优先选用轴向夹紧。（　　）

5．防止薄壁工件夹紧变形的工艺措施是增大装夹面积和采用轴向夹紧。（　　）

三、选择题（将正确答案的序号填在括号内）

1．精车薄壁工件时，选用（　　）的主偏角，以减小径向切削力，从而减小振动和变形。

A．较小　　B．较大　　C．任意

2．车削薄壁工件时，应适当（　　）车刀的前角，使刃口锋利，切削轻快，排屑顺畅，从而减小切削力和切削热。

A．减少　　B．增大

3．车削薄壁工件时，应尽量（　　）装夹接触面，使工件局部受力变为均匀受力，因而不易产生夹紧变形。

A．增大　　B．减少

4．车削薄壁工件时，为了减少振动，可使用（　　）卷成筒状塞入工件已加工好的内孔中精车外圆。

A．铁皮　　B．铜皮　　C．纸　　D．软橡胶片

5．车削薄壁工件时，为了减少振动，可使用（　　）均匀缠绕在已加工好的外圆上精加工内孔。

A．铁丝　　B．铜线　　C．棉线　　D．橡胶条

6．采用轴向夹紧的方式车削薄壁工件，其目的是（　　）。

A．减小车削变形　　B．减小夹紧变形

C．增加工件刚度　　D．增加工件散热能力

四、简答题

1. 简述薄壁工件的加工特点。

2. 防止和减小薄壁工件变形的方法有哪些？

任务十　深孔工件加工

一、填空题（将正确答案填写在横线上）

1. 深孔可以在________上加工，包括钻深孔和车深孔。

2. 在钻削深孔的过程中，钻头容易________，造成孔的轴线歪斜。

3. 在加工深孔时，由于刀具细长而刚度低，车削时容易产生________和________现象，形状精度和表面粗糙度难以保证。

4. 深孔加工要解决的关键技术是：____________________、____________________和____________________问题。

5. 喷吸钻是利用切削液“________”和“________”的作用使切屑顺利排出的。

二、判断题（正确的打√，错误的打 ×）

1. 孔的精度越高及表面粗糙度值越小时，加工难度越大。（　　）

2. 钻削直径为 20 ~ 65 mm 的深孔，当切削液的压力不太高时，可采用高压内排屑钻加工的方法。（　　）

三、选择题（将正确答案的序号填在括号内）

1. L/d 表示孔深与孔径之比，通常 L/d 为 5 ~ 20 的深孔为（　　），L/d 为 20 ~ 30 的深孔为（　　），L/d 为 30 ~ 100 的深孔为（　　）。

A．中等深孔　　B．超深孔　　C．一般深孔　　D．小深孔

2．在加工直径为 3 ~ 20 mm 的深孔时，一般采用（　　）。钻削直径为 20 ~ 65 mm 的深孔，当切削液的压力不太高时，可采用（　　）加工的方法。钻削直径为 20 ~ 65 mm 的深孔时，可以用（　　）加工，采用这种方法需要有较高压力（一般要求 1 ~ 3 MPa）的切削液将切屑从切削区域经外套管的内孔排出。

A．高压内排屑钻　　B．喷吸钻　　C．枪孔钻　　D．麻花钻

四、名词解释

深孔

五、简答题

1．简述深孔加工的特点。

2．常用的深孔加工方法有哪几种？

模块十　车削轴套组合件

一、判断题（正确的打√，错误的打 ×）

1．加工组合件时，首先要分析组合件的尺寸关系，确定基准零件。（　　）

2．加工组合件时，影响零件间配合精度的诸尺寸（径向尺寸和轴向尺寸），应尽量加工至两极限尺寸的极限值，且加工误差应控制在图样允许误差的 1/2。（　　）

二、选择题（将正确答案的序号填在括号内）

1．组合件是指由（　　）车制零件相互配合所组成的组件。

A．两个或两个以上　　B．三个或三个以上

C．多个　　D．轴和孔

2．组合件中的（　　）是直接影响组合件装配零件间相互位置精度的主要零件。

A．套类零件　　B．轴类零件　　C．大尺寸零件　　D．基准零件

3．组合件加工时应先车削（　　），然后根据装配关系的顺序，依次车削其余零件。

A．基准零件　　B．轴类零件　　C．套类零件　　D．大尺寸零件

4．车组合件时，若有螺纹配合，外螺纹的中径尺寸应控制在（　　）范围。

A．最大极限尺寸　　B．最小极限尺寸

C．最大极限尺寸和最小极限尺寸　　D．基本尺寸

三、简答题

车削组合件时有哪些注意事项？

模块十一　车床的维护、保养与调整

任务一　车床的一级保养

一、填空题（将正确答案填写在横线上）

1．通常，车床运行 ________ 后，需要进行一次一级保养。

2．交换齿轮箱一级保养：

（1）拆洗齿轮、轴套，并在油杯中注入新油脂。

（2）____。

（3）____。

（4）____。

3．车床保养时，必须先________________，然后按要求进行。

二、判断题（正确的打√，错误的打 ×）

1．车床保养时，要按保养步骤和要求进行。（　　）

2．车床保养时，要尽最大力量拆装零部件。（　　）

三、选择题（将正确答案的序号填在括号内）

1．车床的一级保养（不包括电气部分）应由（　　）。

A．专职维修工完成　　B．车工自己完成

C．维修工和车工共同完成　　D．车工和电工共同完成

2．刀架部分一级保养的内容是（　　）。

A．清洗导轨面，清洗并调整镶条及压板，清洗或更换导轨毡垫并安装好

B．清洁车床外表面及各罩盖，要求内外清洁、无锈蚀、无油污

C．调整中、小滑板与镶条以及丝杠螺母的间隙

D．拆洗刀架和中、小滑板后重新装好

3．车床保养时，拆下的机件要（　　）放置，注意不要遗失。

A．任意　　B．成组

四、简答题

1．简述普通车床一级保养的操作步骤。

2．简述主轴箱一级保养的内容和要求。

3．简述润滑系统一级保养的内容和要求。

任务二　多片式摩擦离合器间隙的调整

一、填空题（将正确答案填写在横线上）

1．摩擦离合器除了靠摩擦力传递运动和转矩外，还能起________作用。当机床过载时，摩擦片打滑，可避免损坏机床。

2．摩擦离合器是利用摩擦片在相互压紧时接触面之间产生的摩擦力来传递________和________的。

3．双向多片式摩擦离合器调整后应操作自如，不得有____________或____________现象，启动迅速，无异常声音。

4．在CA6140型车床主轴箱里主轴部件的轴Ⅰ上装有双向多片式摩擦离合器，用以控制主轴的____________、____________及____________。

二、判断题（正确的打√，错误的打×）

1．多片式摩擦离合器摩擦片间的间隙调整得越紧越好。（　　）

2．双向多片式摩擦离合器主要是用来控制主轴迅速停止转动的。（　　）

三、选择题（将正确答案的序号填在括号内）

1．多片式摩擦离合器摩擦片间的间隙（　　）好。

A．过大比过小　　B．过小比过大　　C．过大和过小都不

2．多片式摩擦离合器的（　　）摩擦片空套在花键轴上。

A．外　　B．内　　C．内、外

四、简答题

1．试述多片式摩擦离合器间隙不合理对加工和车床的影响。

2. 如图 11–1 所示，试述双向多片式摩擦离合器间隙的调整方法。

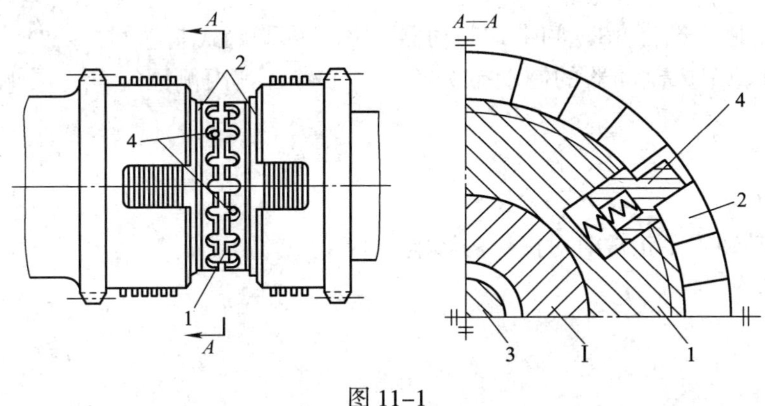

图 11–1

1—螺圈　2—加压套　3—拉杆　4—弹簧销　I—轴

任务三　制动装置的调整

一、填空题（将正确答案填写在横线上）

1. 制动装置的功用是在车床停车的过程中，克服主轴箱内各运动件的旋转惯性，使主轴________转动，以缩短辅助时间。制动装置也叫________。

2. 调整车床制动器时，用内六角扳手顺时针旋转调节螺钉是________制动带；逆时针旋转调节螺钉是________制动带。

3. 车床制动器在松紧程度调整合适的情况下，主轴旋转制动带能________松开；而在停车时，主轴能________转。

二、判断题（正确的打√，错误的打 ×）

1. 车床制动器的松紧程度是越紧越好。（　）

2. 车床操纵杆在中间位置时，车床主轴能迅速停止转动，说明制动正常。（　）

3. 车床使用一段时间后，需检查制动带的摩擦磨损程度，磨损严重的应观察一段时间后再更换。（　）

4. 检查车床制动器时，启动车床，使主轴以 300 r/min 左右的转速正转，停车时能使主轴在 2 ~ 3 转内制动，而开机时制动带完全松开，说明制动带的松紧程度调整合适。（　）

三、选择题（将正确答案的序号填在括号内）

1. CA6140 型车床采用的是（　　）。

A. 盘式制动器　　B. 闸带式制动器　　C. 内胀蹄式制动器　　D. 浮动式制动器

2. CA6140 型车床制动器的制动带为（　　）带，其内侧固定着一层铜丝石棉，以增大摩擦因数。

A. 皮　　B. 钢　　C. 铁　　D. 铜

四、简答题

1. 试述制动装置不正常时对操作的影响。

2. 如图 11–2 所示，试述车床制动装置的调整过程。

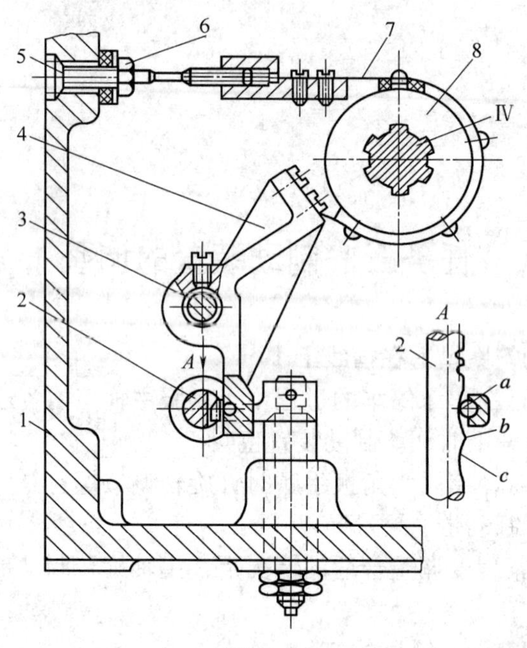

图 11–2

1—箱体　2—齿条轴　3—杠杆支撑轴　4—杠杆　5—调节螺钉
6—螺母　7—制动带　8—制动轮　Ⅳ—传动轴

任务四　开合螺母机构的调整

一、填空题（将正确答案填写在横线上）

1．开合螺母机构的功用是________或________从丝杠传来的运动。车削螺纹和蜗杆时，将开合螺母________，丝杠通过开合螺母带动溜板箱及刀架运动。

2．开合螺母机构间隙调整后，应操纵________，不得有________或________现象，无异常________。

二、判断题（正确的打√，错误的打 ×）

1．调整开合螺母的燕尾导轨配合间隙时，先松开锁紧螺母，然后拧动螺钉，支紧或放松镶条，使其间隙适度后再用螺母锁紧。（　　）

2．车螺纹时出现螺距不等或乱扣、开合螺母轴向窜动量大，说明开合螺母和燕尾导轨之间的间隙需要调整。（　　）

3．开合螺母机构是用来接通丝杠传动的机构。（　　）

三、选择题（将正确答案的序号填在括号内）

开合螺母与镶条要配合适当，否则就会影响螺纹加工精度，甚至使开合螺母自动跳位，出现（　　）等弊端。

A．螺距不等或乱牙　　　　B．牙型误差

C．开合螺母轴向窜动　　　D．中径误差

四、简答题

1．试述开合螺母机构间隙调整后的检验步骤。

2．简述开合螺母机构不正常对加工的影响。

任务五　中、小滑板间隙的调整

一、填空题（将正确答案填写在横线上）

1．中、小滑板燕尾导轨间隙过大，车削中容易造成________、________和撬坏工件等现象。

2．普通车床中滑板刻度盘太松时，中滑板手柄与刻度盘会产生________的转动，从而无法得到准确的读数；太紧也________调整刻线格数。

二、判断题（正确的打√，错误的打 ×）

1．中滑板刻度盘越紧越好。（　　）

2．中、小滑板镶条间隙调整后，在全部行程上应使中滑板手柄摇动灵活，无明显阻滞现象。（　　）

三、选择题（将正确答案的序号填在括号内）

1．中、小滑板间隙的调整，包括调整中、小滑板的（　　），调整中、小滑板与丝杠的螺母间隙，调整中滑板刻度盘的松紧。

A．镶条间隙　　B．齿轮间隙　　C．丝杠间隙　　D．配合间隙

2．中滑板丝杠与螺母间隙调整后，要求中滑板丝杠手柄摇动灵活，正反转时的空行程在（　　）转以内。

A．1/10　　B．1/20　　C．1/30　　D．1/40

3．调整卧式车床中滑板燕尾导轨的间隙，是通过调整（　　）实现的。

A．斜镶条　　B．平镶条　　C．压板　　D．紧固螺钉

四、简答题

车床横向进给丝杠副经过较长时间使用后，由于磨损而造成丝杠与螺母的间隙增大，试述对工件加工的影响及调整方法（根据图 11–3 进行回答）。

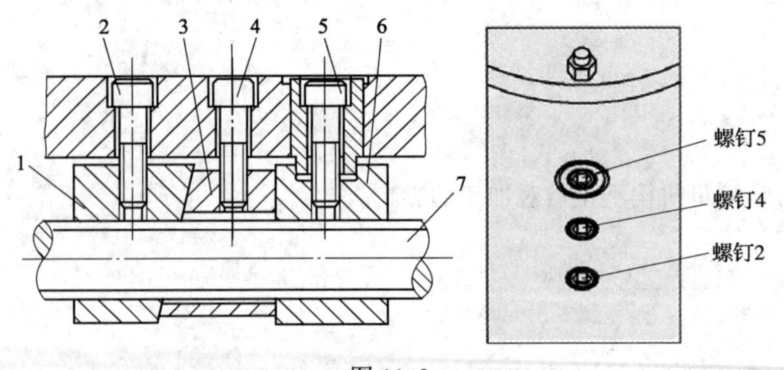

图 11–3

1、6—螺母　2、4、5—螺钉　3—楔铁　7—丝杠

任务六　安全离合器的调整

一、填空题（将正确答案填写在横线上）

1. 车床的安全离合器又称为________________________。其作用是在进给过程中，当进给抗力过大或刀架运动受到阻碍时，能自动________进给运动，以避免传动机件损坏。

2. CA6140 型车床的安全离合器安装在________内，其结构由端面带有螺旋形齿爪的左、右两部分组成。

二、判断题（正确的打√，错误的打 ×）

1. 安全离合器的作用是提供过载保护。（　　）

2. CA6140 型车床的安全离合器的左半部用键连接在轴上，右半部空套在轴上。（　　）

3. CA6140 型车床的安全离合器的调整一般是调整安全离合器的弹簧压力。（　　）

三、选择题（将正确答案的序号填在括号内）

1. 车削时，在正常进给时产生自动停止进给运动，说明安全离合器内的弹簧压力________。

A. 过小　　B. 过大　　C. 合适

2. CA6140 型车床的安全离合器的调整部位在车床溜板箱的________。

A. 右侧　　B. 左侧　　C. 上方　　D. 下方

四、简答题

如图 11–4 所示，简述 CA6140 型车床安全离合器的调整方法和步骤。

溜板箱右侧
1—端盖　2—螺钉

卸下端盖后的调整部位
1、2—螺母　3—螺钉

图 11–4